KLASSISCHE VORLAGENBÜCHER FÜR DEN PRAKTIKER

BAND 1

Der Landtischler

Entwürfe zu einfachen Möbeln für das Haus des Bürgers und Landmannes

*

In leichter Herstellung, polierter wie lackierter Ausführung, mit Beigabe der vorkommenden Verzierungen in natürlicher Größe

*

Herausgegeben von August Graef in Erfurt

26 Foliotafeln mit ausführlicher Beschreibung und 4 Modellbogen, enthaltend 8 Seiten Details in natürlicher Größe

EDITION libri rari

im Verlag Th. Schäfer, Hannover

Reprint nach der Originalausgabe von 1894
aus den Beständen der
Württembergischen Landesbibliothek, Stuttgart
Signatur: 32a/80076

Begleittext von Dr. Joachim F. Baumhauer, Hannover

KLASSISCHE VORLAGENBÜCHER FÜR DEN PRAKTIKER
BAND 1

In dieser Reihe der Edition »libri rari« erscheinen in loser Folge historische Muster- und Vorlagenbücher in verschiedenen Stilen und für unterschiedliche Werkstoffe.
Die Entwürfe bieten dem heutigen Praktiker eine Arbeitsgrundlage zum Nachbauen, Fertigen von Einzelteilen und zum Restaurieren.

ISBN 3-88746-269-6
Best.-Nr. 1232

Gesamtherstellung
Th. Schäfer Druckerei GmbH, Hannover

Zur Reihe „Klassische Vorlagenbücher für den Praktiker“

Vor der Umsetzung eines gedanklichen Entwurfs in die Praxis steht die zeichnerische Darstellung oder eine Vorlage des zu fertigenden Objekts – sei dies ein Möbel oder ein anderer Gegenstand. Schon in der römischen Antike waren Kunst- oder „Muster“-Bücher bekannt, die Vorlagen für die Gestaltung eines Raumes und seine Ausstattung boten. Sie dienten gleichzeitig der Verbreitung von Kunsttheorien. Seit der Renaissance spielten gedruckte Vorlagensammlungen für Möbel sowie für andere kunsthandwerkliche Produkte eine wichtige Rolle. Ihre Schöpfer waren Architekten, Bildhauer, Künstler, die auf das Entwerfen von „Ornamentstichen“ spezialisiert waren, sowie entsprechend begabte Handwerker. Die Tradition der Musterbücher setzte sich bis in das 19. Jahrhundert fort.

Im Zuge fortschreitender Industrialisierung entwickelten sich die Vorlagensammlungen einerseits zu Geschäftskatalogen und anderen Firmenveröffentlichungen, andererseits dienten sie – als eine Vorstufe zu Lehr- und Fachbüchern – der Wissensvermittlung. Im Zuge der Gewerbeförderung waren vielerorts Gewerbe- und Handwerkerschulen zur Aus- und Fortbildung von Lehrlingen und Gesellen des Bauhandwerks entstanden. Diese Bildungsstätten förderten unter anderem auch gestalterische und zeichnerische Fähigkeiten. Viele Lehrer verbanden ihre Tätigkeit mit der Veröffentlichung von neuen Lehr-, Muster- und Vorlagenbüchern. Daneben publizierten Handwerksmeister ihre Entwürfe.

Die Zahl der Musterbücher stieg im 19. Jahrhundert an. Besonders als vor der Jahrhundertmitte der Historismus populär wurde, entstand ein großes Bedürfnis nach Vorlagen für den noch wenig bekannten Stil. Der Historismus, der ein Aufgreifen fast aller Stilelemente vorhergehender Kunstepochen beinhaltete, verlangte entsprechende Kenntnisse der Vorbilder. Später nahm die Anzahl der Vorlagenwerke wieder ab, dafür gewannen sie an Umfang. Jetzt spielten Möbel- oder Schreiner- Fachzeitschriften, von denen es im 19. Jahrhundert ungefähr ein Dutzend gab, eine größere Rolle, dazu kamen noch allgemeine Kunst- und Gewerbeblätter. Diese Fachzeitschriften enthielten neben anderen Beiträgen auch Vorlagen und Musterzeichnungen.

Heute sind Muster- und Vorlagenbücher im Original rar. Sie waren seinerzeit vielbenutztes Arbeitsmaterial, das in Werkstätten regelrecht „verbraucht“ wurde. Wenn sie aus der Mode kamen, wurden sie ausrangiert. Für die großen Bibliotheken stellten Vorlagenbücher damals in der Regel kein Sammelobjekt dar. So existieren viele der Werke, die jetzt in der Reihe „Klassische Vorlagenbücher für den Praktiker“ als Nachdruck wieder zugänglich werden, im Original nur noch in einzelnen Exemplaren. Die Nachdrucke kommen dem heutigen Bedürfnis nach historischen Vorlagen sehr entgegen. Die Entwürfe, die man in dieser Auswahl zu Recht als „klassisch“ bezeichnen kann, bieten dem heutigen Praktiker eine hervorragende Arbeitsgrundlage zum Nachbauen, Fertigen von Einzelteilen und zum Restaurieren.

Vorwort zum Nachdruck

Die vorliegende Sammlung von Entwürfen für einfache Möbel unter dem Titel „Der Landtischler" gehört zu den „klassischen" Vorlagenwerken des ausgehenden 19. Jahrhunderts. August Graef, der Verfasser des Werks, wirkte in Erfurt als Kunsttischler und Zeichenlehrer. Er war seinerzeit überregional bekannt als Herausgeber der Zeitschrift „Praktisches Journal für Bau- und Möbeltischler". Dem Bedarf an Vorlagen- und Musterbüchern kam er zusätzlich mit selbständigen Publikationen nach, häufig in Verbindung mit seinem Bruder Max Graef, Architekt für Innenräume. Von 1850 bis 1910 erschienen mindestens 25 Titel der Gebrüder Graef, die Vorlagen zu unterschiedlichen Aspekten des Innen- und Außenausbaus und verwandten Bereichen boten. Welche Bedeutung diesen Werken zukam, mag man daraus ablesen, daß zwei der Bücher von Max Graef 1898 in russischer Sprache in Moskau erschienen. Heute existieren die Bücher der Gebrüder Graef nur noch in Einzelexemplaren, obwohl sie seinerzeit teilweise mehrere Auflagen erlebten. Der Nachdruck einzelner ihrer Werke in der Reihe „Klassische Vorlagenbücher für den Praktiker" kommt dem heutigen Bedürfnis nach historischen Vorlagen sehr entgegen.

Die Periode des Historismus im Kunstgewerbe, in die auch die Entwürfe im „Landtischler" gehören, ist in Publikationen noch wenig berücksichtigt. Dabei erfährt der Historismus als Stil seit einiger Zeit wieder gesteigerte Wertschätzung. Während das Mobiliar des Historismus in seiner frühen Phase vorwiegend in der Form der Neugotik und des Zweiten Rokoko auftrat, wurde nach 1870 in Deutschland die Neorenaissance vorherrschender Stil. Später kamen barockisierende und erneut Rokokoformen dazu.

Die steigende Nachfrage der Gründerzeit hatte zu einem Anstieg der maschinellen Möbelproduktion geführt. Maschinen drechselten, kerbten Muscheldekore, schnitten Zierelemente und formten figuralen Schmuck aus Holzmasse, die seriengefertigten Dekore wurden auf das Möbel geklebt. Kunsthandwerkliche Einzelfertigungen konnten sich nur Begüterte leisten. Da man durch die industrielle Massenproduktion einen Niedergang der künstlerischen Entwicklung befürchtete, entstand bald die Forderung nach einfachem Mobiliar für bürgerliche Wohnungen, das bei erschwinglichen Preisen schön und praktisch sein sollte. So schrieb 1890 der Kunstgewerbeverein Magdeburg einen Wettbewerb aus, um zu Möbelskizzen zu drei bürgerlichen Zimmern zu gelangen. Von den sechs eingegangenen Entwürfen waren drei unzulänglich, ein erster Preis wurde nicht vergeben.

Graefs „Landtischler" von 1894 ist als eine gelungene Bemühung zu werten, Entwürfe zu einfachen bürgerlichen Möbeln zu liefern. Sie sollten „den Ansprüchen des einfachen Bürgers und des Landmannes gerecht werden", schreibt er im Vorwort, dabei habe er „von einem ausgesprochen ländlichen Stil ... Abstand genommen". Sei es doch „bekannt, daß mit wenig Ausnahmen auch die Landbewohner die Gewohnheit angenommen haben, sich einfach bürgerlich einzurichten". Die Möbel sind durchweg im Stil der Neorenaissance gehalten, einige der Stühle zeigen Anklänge an Objekte der „Volkskunst". Komplizierte Dekore, Intarsien oder figürliche Verzierungen, sind nicht vorgesehen. Graef bringt nur Möbel, „deren einfache Dekoration mit Ausschluß von Bildhauerarbeit, und abgesehen von der unvermeidlichen Drechslerarbeit, auch allein von dem Tischler selbst ausgeführt werden kann".

„Der Landtischler" enthält auf 26 Tafeln fast 300 akribisch ausgeführte Einzelzeichnungen. Zusätzliche Texterläuterungen enthalten Maßangaben und Konstruktionshinweise. Die beiliegenden vier doppelseitigen Modellbogen zeigen eine Vielzahl von Details und Schmuckformen in natürlicher Größe. „Der Landtischler" bietet vom Büfett bis hin zum Nachtschränkchen die gesamte Palette häuslichen Mobiliars aus Stube und Kammer, Küche, Schlafzimmer und Kinderzimmer. Neorenaissance-Möbel, wie die in Graefs Werk vorgestellten, waren besonders im Mittelstand verbreitet und – trotz vorgedrungenen Jugendstils – auch noch bis zum Beginn unseres Jahrhunderts populär. Dementsprechend groß ist die Zahl der erhaltenen Möbelstücke.

Den damaligen Möbeltischlern, Drechslern und Holzschnitzern dienten die Entwürfe im Vorlagenwerk „Der Landtischler" dem unmittelbaren Nachbau. Heutigen Praktikern, Tischlern und Restauratoren, geben sie zusätzlich die Möglichkeit, Möbel originalgetreu wiederherzustellen oder fehlende Teile zu ergänzen, was gerade bei Zierelementen häufiger nötig ist. Darüber hinaus ist ein solches Musterbuch für Kunsthistoriker und alle anderen, die mit historischen Möbeln zu tun haben, von großem Nutzen.

Dr. Joachim F. Baumhauer, Hannover

Vorwort.

Diese Sammlung zeitgemäßer Vorlagen für den Landtischler ist, um den Ansprüchen des einfachen Bürgers und des Landmannes gerecht zu werden, vorher reiflich überlegt und durchdacht worden.

Von einem ausgesprochenen ländlichen Stil ist dem Titel entsprechend Abstand genommen worden, erstens, um die Einseitigkeit zu vermeiden und zweitens, als Hauptgrund, sind die ganz veränderten Verhältnisse maßgebend gewesen, denn es ist bekannt, daß mit wenig Ausnahmen auch die Landbewohner die Gewohnheit angenommen haben, sich einfach bürgerlich einzurichten, wenn es sich um Neuanschaffung handelt. Der Verfasser glaubt darum richtig gehandelt zu haben, nur solche Möbel aufzunehmen, deren einfache Dekoration mit Ausschluß von Bildhauerarbeit, und abgesehen von der unvermeidlichen Drechslerarbeit, auch allein von dem Tischler selbst ausgeführt werden kann.

Um etwaigen Wünschen nach geschnitzten Verzierungsteilen entgegenzukommen, sind auf den beigegebenen Modellbogen eine Auswahl einfacher Schnitzarbeiten, als Aufsätze und sonstige Möbelteile in natürlicher Größe aufgeführt.

Der Text enthält außer den nötigen Erläuterungen auch die gebräuchlichsten Maßverhältnisse der gangbarsten Möbel.

Den angeführten Gründen, welche dem Verfasser bei der Herausgabe seines „Landtischler" geleitet haben, schließt sich der Wunsch einer freundlichen Aufnahme an.

Erfurt.

Der Verfasser.

TAFEL 1

enthält zwei Büffets (Speiseschränke), einen Tisch und Stuhl, nebst den Grundrissen der Büffets; zu dem Stuhl und Tisch sind diese des mangelnden Raumes wegen und weil nicht wesentlich nötig, weggelassen. Der Maßstab gilt für alle Gegenstände und ist für alle Tafeln übereinstimmend.

Fig. 1 Büffet mit zwei Thüren und zwei Schubkasten des Unterteiles und einthürigem Schrank als Aufsatz. Der untere Schrank ist 118 cm breit und 91 cm hoch, die Lisenen sind $8^1/_2$ cm breit und mit drei Hohlkehlen versehen, die Schlagleiste 5 cm breit mit zwei Hohlkehlen. Die Höhe der Schubkasten beträgt 12 cm. Das Rahmenholz der Thüren ohne Kehlstoß ist $7^1/_2$ cm breit, die gedrehten Füße 8 cm hoch, und die größte Stärke derselben beträgt unten 12 cm.

Die Höhe des oberen Teiles von der Platte bis auf das Gesims ist 119 cm, davon kommen auf die Nische 34 cm. Der Schrank ist 63 cm, die Lisenen 6 cm und der Rahmen der Thür 7 cm breit, die Thür selbst ist 69 cm hoch und der Fries darüber mit dem Kehlstoß und Gesims 13 cm. Die Säulen der Nische sind $11^1/_2$ cm stark zu halten. Für alle übrigen Teile wird auf den Maßstab verwiesen.

Fig. 2 links der Grundriß zur Hälfte des untern Schrankes und rechts derjenige von dem obern Schrank.

Fig. 3 ein größeres Büffet von 133 cm Breite. Die Einteilung des Unterteiles ist dieselbe, zwei Thüren und zwei Schubkasten darüber; die Thürenrahmen sind $7^1/_2$ cm breit und der $3^1/_2$ cm breite Kehlstoß darum ist verkröpft. Die 8 cm breiten Lisenen sind mit einer 8 mm starken Füllung aufgedoppelt und darüber eine 3 cm starke abgeschweifte Konsole, dieselbe Konsole ziert auch die Schlagleiste nur mit dem Unterschied, daß dieselbe nach oben bloß von vorn geschweift ist, die untere Partie aber auch an den Seiten. Die Schlagleiste ist 5 cm breit und mit einer 3 cm hohen dreikantigen Leiste verziert. Die Höhe des Unterteiles ist wie bei Fig. 1, 91 cm, die Schubkasten sind aber 13 cm hoch und die Füße $8^1/_2$ cm. Der Sockel besteht aus Karnies und Platte in der Höhe von $6^1/_2$ cm.

Der Aufsatz hat zwei Schränkchen an den Seiten und dazwischen eine 42 cm breite Nische mit Spiegel, drei 10 cm hohe Schubkasten befinden sich darunter. Die Nische zwischen Unter- und Oberteil ist 34 cm hoch und wird durch einen $6^1/_2$ cm breiten Rahmen, welchen ein kräftiger Kehlstoß einfaßt, und einer 13 cm breiten Füllung gebildet. Die Säulen zu beiden Seiten sind 8 cm stark, diese Stärke gilt auch für die Breite der 2 cm vortretenden Lisenen der Hinterwand.

Der Oberbau ist 81 cm hoch, davon kommt auf die Thürenhöhe 53 cm und auf den Fries, Kehlstoß und Gesims 13 cm. Das Bogengesims über der Spiegelnische geht noch $18^1/_2$ cm über die Schränke und das Mittelstück noch 18 cm über den Bogen.

Die Lisenen sind 5 cm breit und das Rahmenholz der Thüren als auch des Spiegels ist $6^1/_2$ cm breit. Bei Angabe des Rahmenholzes ist immer ohne Kehlstöße zu verstehen.

Fig. 4 zeigt vom Unterteil und dem Aufsatz je die Hälfte im Grundriß.

Fig. 5 stellt in der Längsseitenansicht einen Speise- oder auch Familientisch vor, derselbe ist 124 cm lang angenommen bei einer Breite von 76 cm. Die Zarge samt Platte soll nicht unter 13 und nicht über 15 cm Höhe betragen. Die Stärke der Füße an der Zarge ist $7^1/_2$ cm im Quadrat und muß vor dem Drehen durch Aufleimen an den betreffenden Teilen verstärkt werden.

Schubkasten sind auf der Zeichnung nicht angegeben, doch ist es zweckmäßig zwei solche auf den kurzen Seiten anzubringen.

Die Tischhöhe beträgt für alle gewöhnlichen Tische $76^1/_2$ bis 78 cm.

Fig. 6 ein Speisestuhl zu dem Tisch passend, beide Gegenstände sind dem Büffet Fig. 1 analog; es ist ein Rohrstuhl mit geflochtener Rücklehne und Sitz. Das Verhältnis stellt sich wie folgt: Sitzhöhe 47 cm, vorn $43^1/_2$ cm breit, hinten 36 cm, 41 cm tief. Die Höhe der Rücklehne 44 cm. Die Rückstücken sind $3^1/_2$ cm breit ohne Rohrfalz, ebenso auch die Querriegel. Die Vorderfüße $4^1/_2$ cm stark und für die Dreherei entsprechend durch Aufleimen zu verstärken. Die Schwingen oder Zargenteile sind 5 cm breit zu nehmen, der Sitzrahmen soll an den Seiten und vorn $5^1/_2$ bis 6 cm breit sein, das Hinterstück aber mindestens 7 cm. Der Sitzrahmen soll vorn und an den Seiten höchstens 13 mm überstehen, hinten aber bloß 5 mm.

TAFEL 2

Dieselben Gegenstände wie auf Tafel 1 sind hier zusammengestellt, nur anders eingeteilt und anders dekoriert.

Fig. 1 ein kleines dreithüriges Büffet, enthält jedoch bloß zwei besondere Räume im Unterteil; der Aufsatz ist nur als Etagere zu betrachten, indem bloß ein Schubkasten vorhanden ist.

Die Breite beträgt 111 cm, die Höhe 90 cm, Sockel und Füße haben zusammen 18½ cm Höhe, die Füße allein 9¼ cm. Die Platte mit dem Wulst ist 10 cm hoch, so daß für die Thüren die Höhe von 61½ cm bestimmt bleibt. Die Lisenen sind 4½ cm stark oder breit, und die Rahmen der Thüren ohne Kehlstoß 7 cm.

Der erste Boden des Aufsatzes ist von der Platte 34 cm entfernt und der obere Boden von diesem 51 cm, so daß die ganze Höhe von der Platte bis auf den obern Boden 89 cm beträgt. Der Schubkasten samt der Karniesplatte verlangt 13 cm. Die Stützen, Lisenen und Säulen sind 5 cm stark und breit berechnet, und die Rahmen der Rückwand 7 cm samt der angestoßenen Hohlkehle. Die Stützen sind genau so ausgeschweift wie das Profil an der Rückwand veranschaulicht (siehe Fig. 3). Der Aufsatz erhöht sich noch um 24 cm über den obern Boden, wo dann noch die bekrönenden Spitzen hinzutreten.

Die beiden Seitenteile der obern Abteilung, sowie auch der Aufsatz, haben als Unterbrechung der leeren Fläche je eine 4½ cm breite und 1 cm starke ringsum abgekehlte Platte erhalten. Die untern Seitenteile der Rückwand haben als Zierde ein 7 cm im Durchmesser haltendes Spitzquader bei 3 cm Höhe.

Die Tiefe des Unterteiles beträgt 60 cm im Kern, d. h. im Korpus gemessen, und die Tiefe bei den Schubkasten gemessen im Oberteil 39 cm; hinzutreten noch die Ausladungen der Karniese, dieses gibt auch die Tiefe für den obern Boden.

Fig. 2. Der Grundriß zu diesem Büffet von dem Unterteil ist vorn ganz im Längsdurchschnitt von oben links und rechts, je zur Hälfte, Schubkasten und Böden anführend.

Fig. 4 ein Büffet in etwas größern Verhältnissen und in anderer Anordnung des Aufsatzes, indem der Schrank mit zwei Thüren größern Raum beansprucht und die Böden an den Seiten entsprechend kleiner gemessen sind.

Die Breite des Unterteiles ist 124 cm, bei 57½ cm Tiefe bei den Thüren genommen, wohingegen die Tiefe wegen des Vorsprunges der Schubkasten 61 cm beträgt. Die Schubkasten sind 12 cm hoch und ringsum mit einer Kehlung umrahmt. Die Lisenen sind 6½ cm breit. Der Sockel mit den Füßen ist 18 cm hoch, letztere 8 cm und abgekehlt, nicht gedreht; an den Seiten geht der Sockel glatt durch. Die Thüren sind im Quadrat und die Rahmen 7 cm breit ohne Kehlstoß.

Die Höhe des oberen Teiles ist bis auf das Gesims 115 cm, die Nische 33 cm, die Stützen sind vierkantig. Die Breite des Schrankes ist 70½ cm, die Lisenen 6 cm und die Schlagleiste 32 mm breit. Die Rahmen der Thüren sind 5½ cm breit, mit Kehlstoß 7½ cm. Die Füllungen sind in der Mitte aufgedoppelt, unten und oben schließt sich ein Spitzquader an, solche sind auch auf den Lisenen angebracht. Der Fries mit dem Gesims und Stäbchen über den Thüren ist 10 cm breit oder hoch. Die äußerste Höhe des bekrönenden Aufsatzes ist 30 cm.

Die Tiefe des Schrankes ist 44, diejenige über den Thüren 48 cm.

Fig. 5 der Grundriß hierzu, links die Hälfte vom Unter- und rechts die Hälfte des Oberteiles.

Fig. 6, 7 und 8 Tisch und Stuhl, sogenannte Bauernmöbel. Die Platte des Tisches ist zu 128 cm Länge und 70 cm Breite angenommen. Die Füße sind an der Breitseite um 7½, in der Länge aber um 17 cm von der Plattkante ab zurückgesetzt. Die Schrägstellung gegen oben beträgt nach der Länge 15 cm, nach der Breite aber bloß 8 cm. Die Füße sind durch eine Querleiste a noch besonders miteinander verbunden, und nach der Langseite durch je eine 10½ cm breite und 2½ cm starke an den Kanten angekehlte Leiste. Die Höhe ist für diesen Tisch 76½ cm.

Fig. 7 ein Teil der kurzen Seiten.

Fig. 8 ein Stuhl mit gedrehten Vorderfüßen und eingestemmter Rücklehne. Dieser Stuhl hat, entgegen der üblichen Bauart mit eingebohrten Füßen, eine Zarge deren Teile in die Füße eingestemmt werden. Die Vorderzarge ist ausgeschweift und 8 cm breit, an den Seiten und hinten sind die Schwingen bloß platt und 6 cm breit. Die Rücklehne soll aus 2½ cm starkem Holze sein und wird auf dem Sitz in dem Verhältnis eingestemmt, daß die beiden Zapfen, welche je 7 cm breit sein sollen, innerhalb der Zarge sich anschließen; oben auf dem Sitz wird hinter die Lehne noch eine Leiste befestigt, welche derselben noch mehr Stand verleiht, auch ist es ratsam unter dem Sitz vor die Zapfen noch eine Leiste zu setzen. Die Verhältnisse sind für den Sitz, vorn 43 cm breit, hinten 34, die Tiefe 42 cm, bis an die Lehne 35 cm. Die Rücklehne soll gegen unten für die hier angenommene Höhe von 43 cm 6 cm zurückliegen, d. h. schräg nach hinten. Sitzhöhe ist 47 cm. Die Zarge soll von dem Sitz vorn und an den Seiten 3 cm zurückstehen, hinten bloß 2 cm. Die Füße sollen unten nach allen Seiten 5 cm schräg auseinanderstehen.

TAFEL 1

Details in natürlicher Größe
zu den Fig. 1, 3 und 4
finden Sie auf
dem Modellbogen N° 1.

Fig. 1.

Büffet.

Fig.

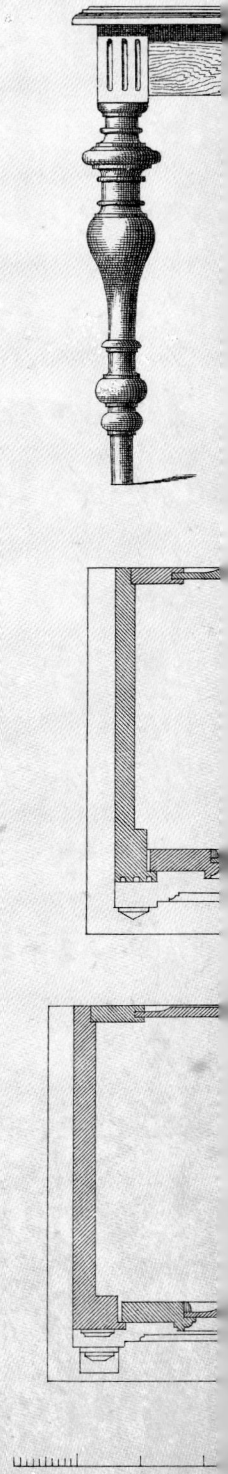

Fig. 6

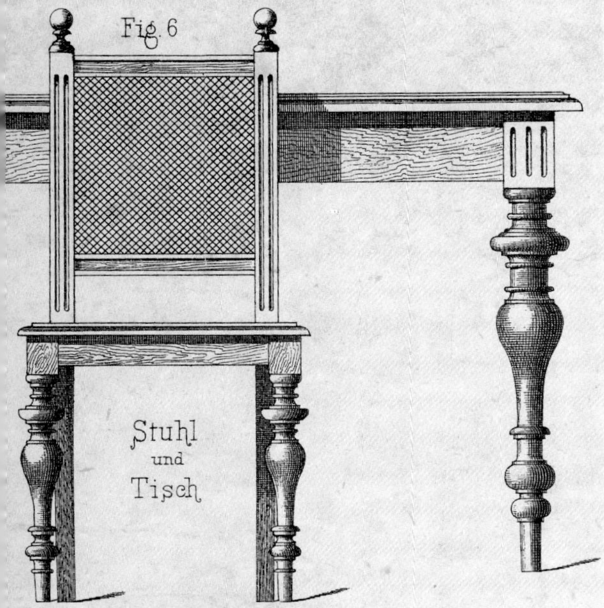

Stuhl und Tisch

Fig. 2.

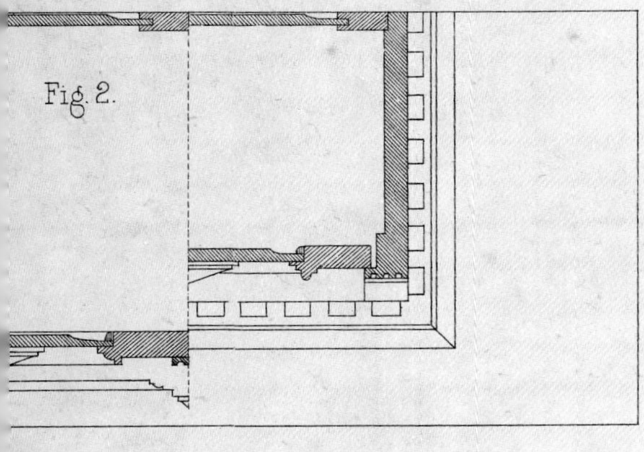

Fig. 4.

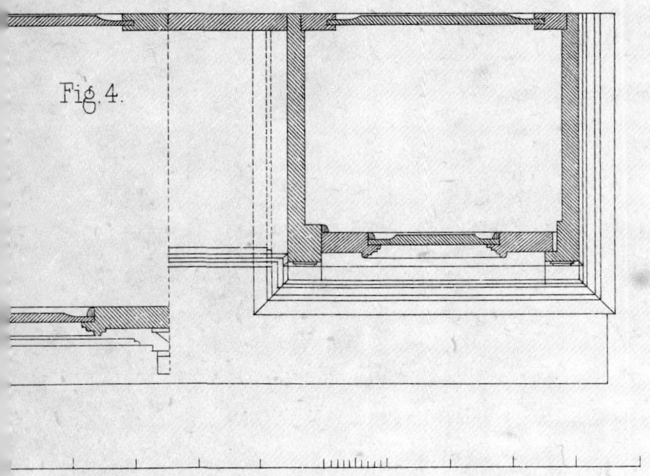

Fig. 3.

Büffet.

TAFEL 2

Fig. 1.

Büffet.

Details in natürlicher Größe
zu den Fig. 1 und 4
finden Sie auf
dem Modellbogen N° 1.

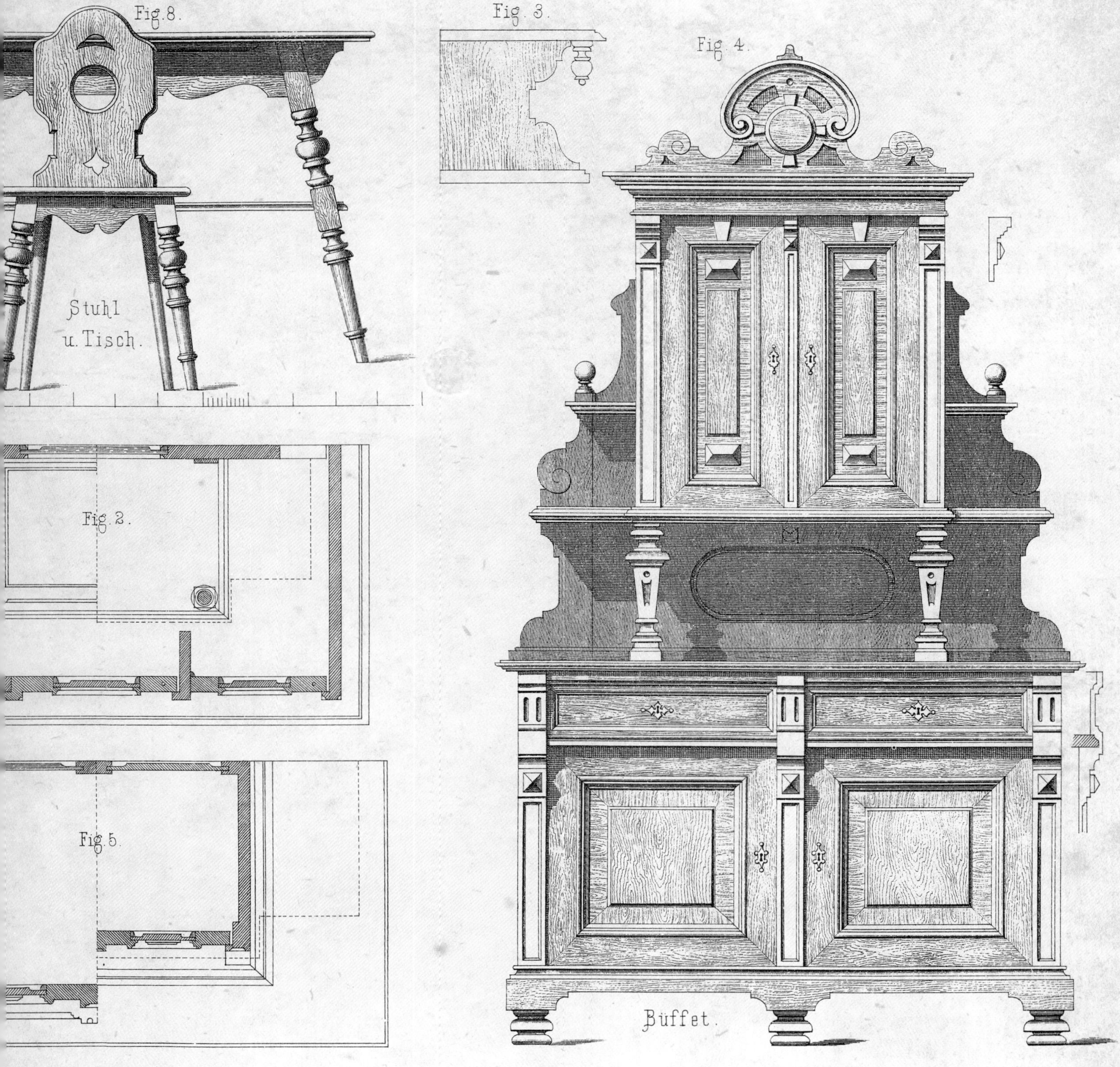
Fig. 8.
Stuhl
u. Tisch.
Fig. 3.
Fig. 4.
Fig. 2.
Fig. 5.
Büffet.

TAFEL 3

In etwas gewählterer Ausführung sind auf dieser Tafel fünf Gegenstände für Speisezimmer dargestellt.

Fig. 1 ein Büffet mit Schrankaufsatz 116 cm breit und 90 cm hoch, die Schubkasten sind $12\frac{1}{2}$ cm hoch und treten 3 cm gegen die Thüren hervor. Die Rahmen der Thüren sind 7 cm breit und der Kehlstoß an denselben 32 mm, außer diesem Kehlstoß ist die Füllung noch mit einer 2 cm breiten aufgedoppelten Platte eingefaßt, welche auf den Viertelkreis der Ecken gedrehte Knöpfchen als Auflage hat. Die Lisenen sind 7 cm, die Schlagleiste 5 cm breit, auf letzterem liegt eine 8 mm starke rings angekehlte Platte als Zierde. Die an den Kanten abgefasten Lisenen sind oben mit aufgesetzter, gekehlten und mit einer Dreherei als Endung einfachen Konsole verziert und an dem untern Teil mit einer 2 cm starken Facettenleiste. Die Füße sind $12\frac{1}{2}$ cm hoch und haben im Durchmesser 14 cm. Der gekehlte Sockel ist 4 cm, die Platte $4\frac{1}{2}$ cm stark. Die Höhe des Oberbaues ohne den Aufsatz ist 104 cm, letzterer bis zur Spitze 18 cm hoch. Die Breite des Schrankes beträgt 56 cm, davon gehen für beide Lisenen 11 cm ab. Der Rahmen samt Kehlstoß ist $8\frac{1}{2}$ cm breit, so daß für die Füllung 28 cm für die Breite und $50\frac{1}{2}$ cm für die Höhe bleibt. Die ausgesägte Verzierung soll 5 mm stark gehalten sein und das oblonge schrägkantige Mittelstück mit beiden Plättchen 26 mm. Der obere Fries mit dem Kehlstoß über der Thür und dem $5\frac{1}{2}$ cm hohen Gesims ist $14\frac{1}{2}$ cm hoch. Das Gesims ladet 8 cm aus.

Fig. 2 zeigt links den Grundriß zur Hälfte vom Unterteil und von oben durch die Thüren gedacht, rechts ebenfalls von beiden Teilen, unten mit Angabe des Schubkastens, oben Uebersprung des Gesimses, Aufsatz und Nischenrückwand nebst Etagereboden. a, b und c sind die betreffenden Konsolen, c hingegen die Schlagleiste der untern Thüren von der Seite gesehen. Die Tiefe unter der Platte gemessen ist $61\frac{1}{2}$ cm.

Fig. 3 gibt den Durchschnitt über der Thür mit Aufsatz und Lisenen an.

Fig. 4. Kredenzschrank (kleines Büffet) mit zwei Thüren, Schubkasten und Etagereaufsatz. Die Breite ist 106, die Höhe 90 cm und 52 cm tief, die Schubkasten $12\frac{1}{2}$ cm hoch. Die Lisenen sind $7\frac{1}{2}$ cm, die Schlagleiste 4 cm breit, letztere ist in der Mitte ausgekehlt; die Lisenen haben aber eine 47 mm breite und 14 mm starke ringsum angekehlte Platte als Zierde und darüber, wie nebenstehendes Profil zeigt, ein Konsolstück mit drei Tropfen, wodurch der Schubkasten 4 cm Vorsprung vor der untern Partie gewinnt. Die Nische ist 23 cm hoch und der Boden $22\frac{1}{2}$ cm breit von der Rückwand ab. Die Rückwand ist in zwei Füllungen geteilt. Die Stützen, siehe nebenstehende Seitenansicht in a, sind 3 cm stark und das Mittelstück zwischen den Füllungen 4 cm breit.

Der Aufsatz ist 26 cm hoch und in der Mitte durchbrochen, wird dann ausgefalzt, so daß vorn 7 mm stehen bleibt; dieser Uebersprung wird abgeschrägt, und dann von hinten eine 1 cm starke Füllung mit dem angeführten Muster eingesetzt.

Fig. 5 ist der Grundriß in zwei Hälften, links Korpus und Schubkasten, rechts Thür und Kehlung der Lisene vom Unterteil, nebst der Etagere von oben gegeben. Die Füße an den Seiten wie vorn sind Winkelfüße.

Fig. 6 ein Serviertisch oder für das zu benutzende feinere Geschirr. Die Platte ist 102 cm lang und 56 cm breit. Die Zarge ist 16 cm hoch und birgt einen 60 cm breiten und 7 bis 10 cm hohen Schubkasten für Tischbesteck. Der Boden ist 22 cm hoch von der Zarge entfernt, doch kann dieser Abstand bis zu 30 cm angenommen werden.

Die Platte ist hinten und zu beiden Seiten mit einer ausgesägten Galerie versehen, auch der Boden, aber bloß an der Hinterseite um das Geschirr vor herunterfallen zu schützen. Die Füße sind etwas über 6 cm stark und unterhalb des Bodens an den Wulst noch durch Aufleimen bis zu 9 cm zu verstärken. Die Zargen sind eingestemmt und an den Seiten und hinten glatt mit den Füßen, vorn tritt dieselbe etwas zurück, damit die Füße als Lisenen wirken und sind deshalb vorn mit drei Hohlkehlen versehen. Die kleinen Bogenteile, welche sich an die Füße anschließen, sind auch an den Seiten anzubringen. a zeigt die Form der Seitengalerie. Tischhöhe 78 cm.

Fig. 7. Der Grundriß links von Zarge und Schubkasten, rechts Platte und Galerie.

Fig. 8 ein Wandbrett mit Konsole für Krüge und altdeutsche Gefäße. Die Länge der Konsole ist 84 cm, die größte Breite in der Mitte 21 cm, an der schmalen Seite 14 cm. Die Höhe beträgt bis auf den Bogen 56 cm, an den Seiten 44, das Gesims ist 3 cm breit bei 4 cm Ausladung. Die innere Größe des 3 cm breiten gekehlten Rahmens ist $22\frac{1}{2}$ cm breit und 28 cm hoch, und ist derselbe auf die Rückwand aufgeleimt, doch kann er auch als wirklicher Rahmen den Zweck erfüllen und als Spiegel dienen, wenn die Rückwand in der Höhe und Breite $1\frac{1}{2}$ cm größer ausgeschnitten wird, so daß durch den aufgeleimten Rahmen ein Falz entsteht, worin ein Spiegelglas oder eine besondere Füllung liegen kann.

Die Konsole, welche in der Seitenansicht Fig. 9 besonders durch die Stütze im Profil ausgezeichnet ist, hat eine ausgeschweifte zu beiden Seiten der Stütze durchbrochene Rückwand, über den gedrehten Tropfen sind dreikantige schmale Vertiefungen eingeschnitten. Der Grundriß der Platte ist in a gegeben.

Fig. 10 ein Wandbrett für gleichen zweck der vorbeschriebenen Konsole. Zwei Stützen, welche in der Vorderansicht mit Spitzquadern und gedrehten Tropfen verziert sind, tragen die Platte, und lehnen sich an die abwechselnd und tief ausgeschweifte Rückwand. Eine oblonge Spitzfüllung, welche auf einer $\frac{1}{2}$ cm starken Platte liegt, ziert und unterbricht die Fläche; darunter, dem Halbkreis entsprechend, liegt noch eine 7 mm starke gedrehte von 5 cm Durchmesser; zu beiden Seiten der Stützen sind kleine gedrehte Tröpfchen sowie unterhalb Kugeln angebracht.

Fig. 11 gibt den Durchschnitt bei den Stützen und das Profil der Stützen.

TAFEL 4

Schreibtisch, Bücherschrank und Schreibkommode mit Grundrissen und Details kommen hier in Betracht, wovon besonders die Schreibkommode als ein sehr beliebtes Möbel angeführt wird.

Wie alle Gegenstände, welche die drei vorherbeschriebenen Tafeln enthalten, sind auch diese drei Gegenstände ohne jede Bildhauerarbeit, überhaupt mit Vermeidung aller schwierigen Ausführungen konstruiert.

Fig. 1 ein Herrenschreibtisch im Kern 126 cm lang, 65 cm tief und 78 cm hoch. Die Nische ist 44 cm, die Lisenen 55 mm breit, die Thüren erhalten eine Breite von 30 cm. Die Schubkasten sind 13 cm hoch und ringsum 4 cm breit verdoppelt. Die Rahmen der Thüren sind mit dem Kehlstoß 6 cm breit, Füße mit Sockelstück 13 cm hoch. Die Lisenen zwischen den Schubkasten sind mit Spitzfüllungen, die an den Thüren mit aufgelegten angekehlten Platten belegt.

Die Thüren liegen hier hinter den Falz, doch ist es für Raumgewinnung zu empfehlen, daß man dieselben samt den Lisenen aufgehen läßt, und werden demnach an den Seiten mit Scharnierbändern angeschlagen.

Der Aufsatz besteht aus einem Schränkchen mit zwei Thüren und vier Schubkasten, dieselben sind 10 cm hoch und 34 cm breit. Das Schränkchen ist 49 cm breit, für die Lisenen gehen davon je reichlich 3 cm ab; dieselbe Stärke haben auch die geschweiften Seitenteile und Lisenen der Schubkasten. Die Nische unter dem Schränkchen ist 22 cm, die Thüren sind 39 cm und der Gesimsfries darüber 6 cm hoch, der Aufsatz reichlich 13 cm. Der Schrank ist 28 cm tief und springt von den Schubkasten 3 cm vor. Nebenan in a ist die Schweifung der Seitenteile auf der Platte, in b die obere Partie der Lisenen gegeben.

Fig. 2 zeigt den vollen Grundriß des Aufsatzes, sowie auch des untern Teiles, links die Schubkasten und rechts die Thüren im Grundriß.

Fig. 3 ein Bücherschrank aus zwei Teilen bestehend 100 cm breit. Der untere Schrank ist 84 cm hoch, hat zwei 12 cm hohe Schubkasten und zwei Thüren. Die Schubkasten sind mit Maserfüllungen und von 3 cm breiten Federfriesen eingefaßt. Die Rahmen der Thüren sind mit Kehlstoß 9 cm breit, letzterer allein 4 cm. Die Lisenen sind $6^1/_2$ cm und die Schlagleiste 3 cm breit, Stäbchen und zwei Hohlkehlen nebst kleinen Plättchen bilden das Profil der beiden Schlagleisten, die Lisenen neben 1 cm breiten Platten kleine Hohlkehlen, und als Auflage einen 12 mm starken Stab mit Plättchen, in den Konsolen darüber sind drei Hohlkehlen eingestoßen, welcher Teil an den Lisenen des obern Schrankes wegfällt. Während der untere Teil 49 cm tief ist, hat der obere Schrank nur 34 cm Tiefe.

Das Rahmenholz der Thüren ist samt dem Kehlstoß reichlich 7 cm breit, die Verzierungen oben neben den Bogen sind 4 cm dick und bloß ausgesägt. Der Fries mit Gesims über den Thüren ist $11^1/_2$ cm hoch, das Gesims davon $6^1/_2$ und das Stäbchen mit Platte $1^1/_2$ cm breit. Das Gesims hat 8 cm Ausladung, und der Aufsatz ist 19 cm hoch. Nebenan in Fig. 3a ist das Profil der Lisenen vierfach vergrößert, in Fig. 3b dasjenige der Schlagleisten in demselben Verhältnis gegeben. Die Höhe des Schrankes von der Platte bis auf das Gesims beträgt 109 cm, die Einrichtung besteht aus drei Böden, welche durch Zahnleisten verlegbar gemacht werden können.

Fig. 4 Grundriß vom Unterteil, links Thür und Sockel, rechts Schubkasten und Platte, nebst der einen Hälfte des oberen Schrankes mit durchschnittener Glasthür und punktierter Ausladung des Gesimses.

Fig. 5 Schreibkommode mit Aufsatz, dieselbe ist 110 cm breit und 93 cm hoch, der Schreibkasten ist $16^1/_2$ cm hoch, die Konstruktion desselben ist im Durchschnitt Fig. 7 klar dargestellt. Die punktierten Linien deuten diesen Kasten herausgezogen und zum Schreiben fertig an.

Die Kommode enthält außer dem Schreibkasten eine Schublade in der ganzen Breite von $16^3/_4$ cm Höhe und vier solche von $26^1/_2$ cm Breite und 19 cm Höhe. Da die äußeren Lisenen $6^1/_2$ cm, die an der Nische aber $3^1/_2$ cm breit sind, so bleiben für die Nische reichlich 40 cm Breite. Die äußeren Lisenen sind durch gedrehte und kannelierte Halbsäulen verziert, die schmalen inneren aber bloß gekehlt. Füße und Sockel sind zusammen 13 cm hoch. Der Schreibkasten ist verdoppelt und diese $4^1/_2$ cm breite Doppelung ist nach innen angekehlt. Die Tiefe beträgt 54 cm beim Schreibkasten gemessen.

Der Aufsatz ist 42 cm hoch ohne die Bekrönung der Schränkchen, und besteht aus zwei je 35 cm breiten Schränkchen mit darunter befindlichen Schubkasten, der mittlere Teil enthält einen $7^1/_2$ cm hohen Schubkasten, und darüber fünf 18 cm hohe Brieffächer mit ausgeschweiften Unterschieden. Fig. 5a zeigt Profil und Durchschnitt dieses Teiles. Die Thüren, Schubkasten und Bekrönungen sind mit Federfriesen eingefaßt, Schubkasten und Bekrönung noch durch Maserfüllungen verschönert. Die Tiefe der Schränkchen ist 29 cm, der mittlere Teil tritt 4 cm zurück. Fig. 5b zeigt das Profil der inneren Lisenen in vierfacher Vergrößerung.

Fig. 6 der Grundriß, links der Schreibkasten mit Angabe des Schnäppers, rechts den durchgehenden Schubkasten nebst Lisene mit der halben Säule, die punktierte Linie deutet den Sockel der untern Schubkasten an. Der Aufsatz zeigt links die Thür und Brieffächer und rechts die Schubkästen.

TAFEL 3

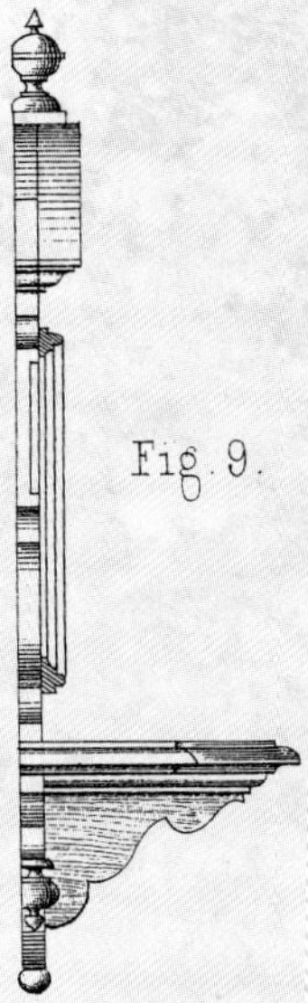

Fig. 9.

Fig. 8.

Krug-Konsole

Fig. 6.

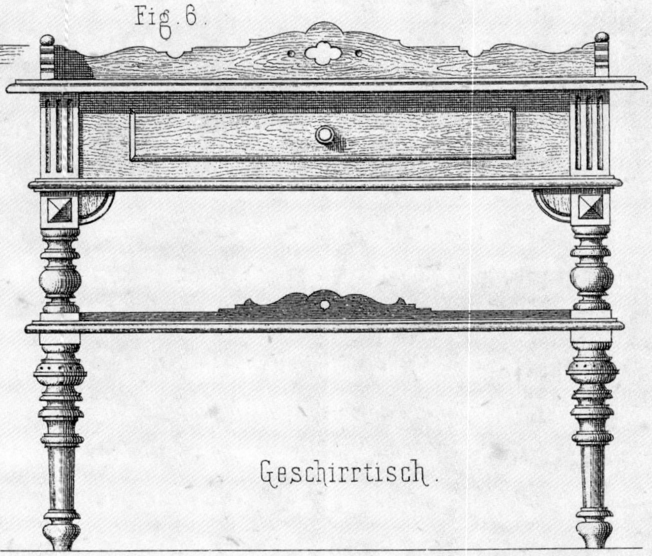

Geschirrtisch.

Fig. 7.

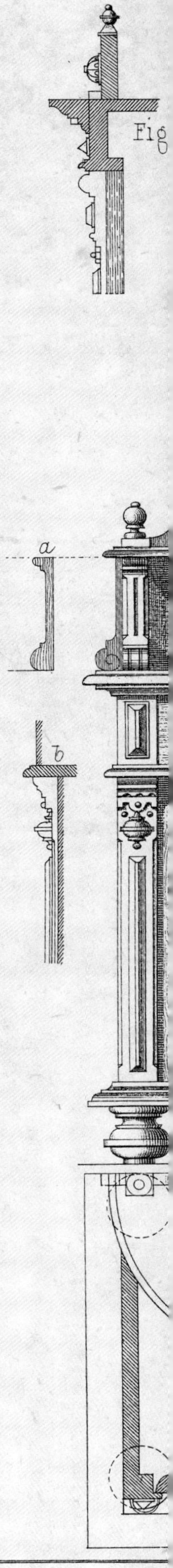

Details in natürlicher Größe
zu den Fig. 1, 3 und 4
finden Sie auf
dem Modellbogen N° 1.

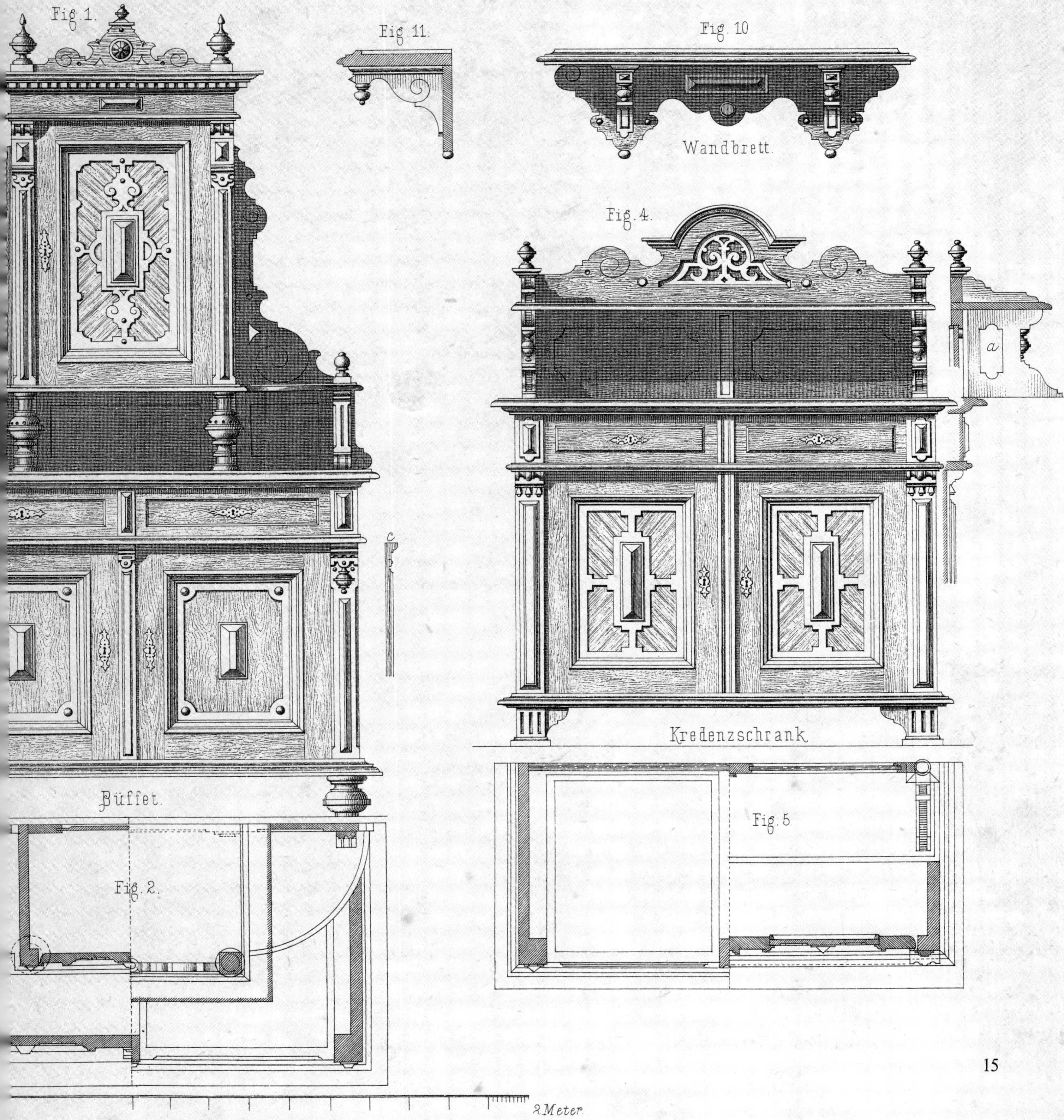
Fig. 1.
Büffet.
Fig. 2.
Fig. 11.
Fig. 10
Wandbrett.
Fig. 4.
a
c
Kredenzschrank
Fig. 5
2 Meter.

TAFEL 4

Fig. 8

Einsatz des Schreibkastens (Fig. 5.)

Fig. 1

Schreibtisch

Lisene Fig. 3a.

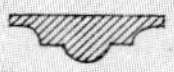

Schlagleiste (Fig. 3b.)

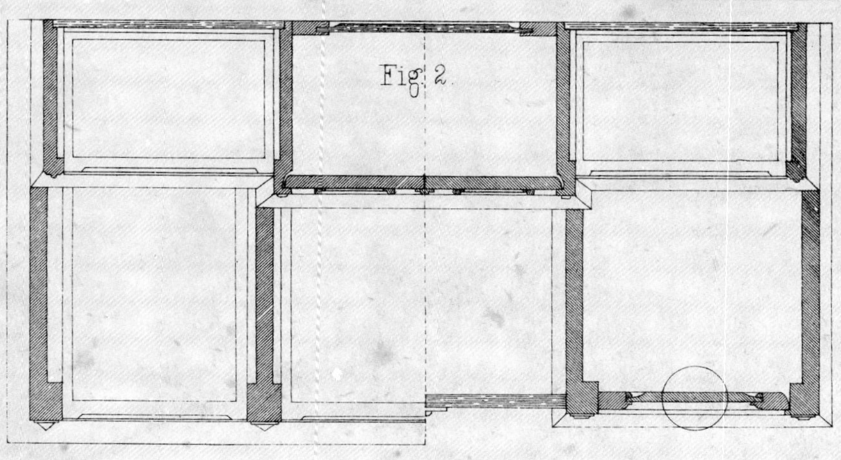

Fig. 2

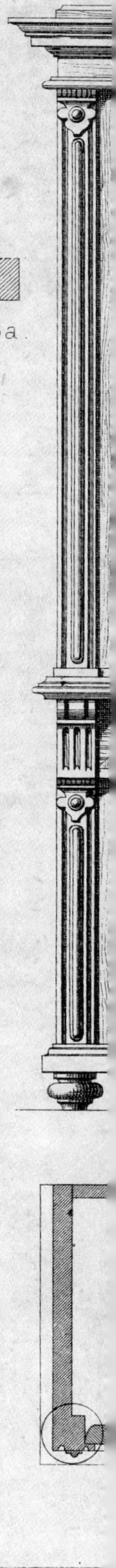

Details in natürlicher Größe
zu der Fig. 1
finden Sie auf
dem Modellbogen N° 2.

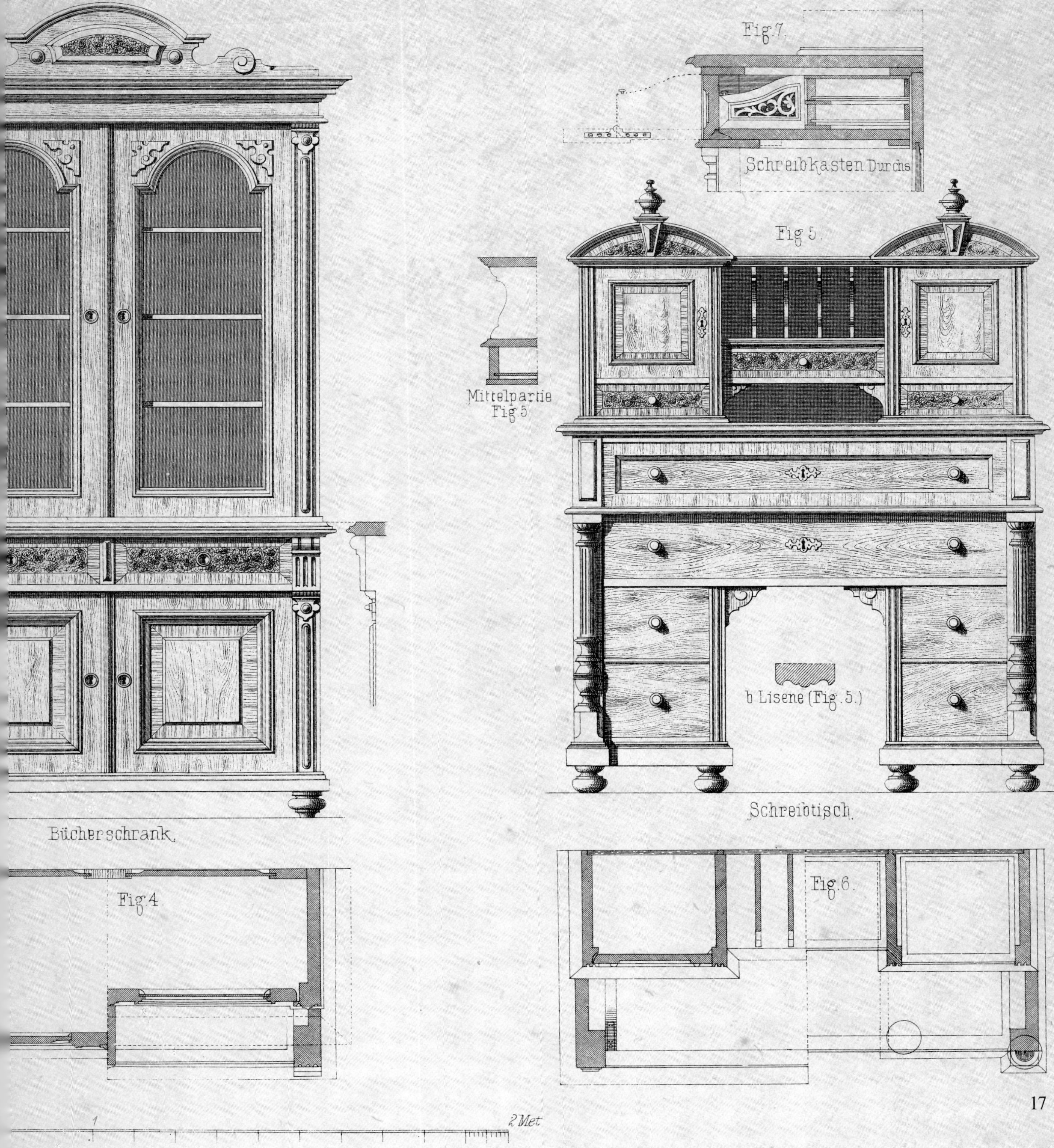
Fig. 7.
Schreibkasten Durchs
Fig. 5.
Mittelpartie Fig. 5
b Lisene (Fig. 5.)
Schreibtisch.
Bücherschrank.
Fig. 4.
Fig. 6.
1
2 Met.

TAFEL 5

Schreibsekretär, Stehpult und Bücherschrank sind auf dieser Tafel mit den nötigen Details aufgezeichnet.

Fig. 1 ein Schreibsekretär in der allgemein üblichen und bekannten Einteilung und Form. Die Breite ist $92^{1}/_{2}$ cm, die Höhe 152 cm und die Tiefe 55 cm, die Höhe bis auf die offene Klappe ist 78 cm, die Höhe derselben ist 50 cm und 38 mm dick mit der 13 mm starken Doppelung, welche mit einem 23 mm breiten Kehlstoß eingefaßt ist, von welchen sich ein 4 cm breiter Federfries an die 1 cm starke aufgedoppelte Füllung anschließt. Der Schubkasten über der Klappe ist 13, die beiden darunter sind je $16^{1}/_{2}$ und der untere $17^{1}/_{2}$ cm hoch, Fuß und Sockel 12 cm hoch, je 6 cm. Der Fries mit Gesims ist 11 cm hoch und letzteres hat $5^{1}/_{2}$ cm Ausladung.

Der 17 cm hohe Aufsatz ist außer dem bekrönenden Gesims mit aufgelegten 8 mm starken maserfurnierten Feldern belegt und seitlich mit 11 cm hohen Urnen geziert. Die Lisenen sind oben mit einer 11 cm hohen, gekehlten Konsole und unten mit 4 cm hohen auch gekehlten Abschluß geziert. Diese Teile mit den Hohlkehlen, bilden mit der Spitzfüllung des Sockelstückes den Charakter der Lisene. Fig. 1a zeigt das Profil vergrößert.

Der Einsatz enthält zwölf Schubkasten sämtlich mit Maserfüllungen und Federfries versehen. Die Nische ist 23 cm hoch und 26 cm breit, durch eine ausgeschweifte Einfassung verziert und die 29 mm breite Lisene mit einer zarten gedrehten Halbsäule. Die drei untern Schubkasten sind mit 7 mm starken, angefrästen, dreiteiligen Bogenstücken verdoppelt.

Fig. 2 der Grundriß hierzu, links mit dem Schubkasten, rechts mit Klappe und Einsatz.

Fig. 3 Seitendurchschnitt der obern Partie.

Fig. 4 derjenige von unten bis an den zweiten Schubkasten.

Fig. 5 Kämpfer im Profil.

Fig. 6. Das hier aufgeführte Stehpult ist ein sehr praktisches und beliebtes Möbel für kleinere Geschäftsleute, und dabei auch billig herzustellen zumal in weicher Holzart bloß gebeizt und lackiert, ausgeführt.

Die Breite ist 120 cm, die hintere Höhe 124, die vordere 105 cm; die Schreibklappe liegt also bei 36 cm Breite 19 cm tiefer, welches Verhältnis für den Schreibenden als das beste erkannt ist. Die Schränke sind 39 cm breit und gehen die Thüren samt den Lisenen auf und sind 62 cm hoch, der Sockel 8 cm. Die Nische ist 42 cm breit.

Ueber den Schränken befinden sich zwei 15 cm hohe Schubkasten und der Raum über diesen für den Einsatz ist 23 cm hoch. Die Tiefe der Schränke ist 63 cm, die obere 67 cm.

Die Tiefe des Aufsatzes ist hier zu 30 cm angenommen, zwei Schränkchen mit Brieffächer-Einrichtung und Schubkasten darunter, sind je 39 cm breit und 40 cm hoch, dazwischen ist ein 41 cm offener Raum mit einem geschweiften Boden als Unterschied. Links ist das Schränkchen im offenen Zustand, rechts geschlossen dargestellt.

Fig. 8 stellt den Einsatz in Vorderansicht dar.

Fig. 9 den Seitendurchschnitt von den Schubkasten und Eingerichte gesehen, für die Schränke Ansicht von außen.

Fig. 7 der Grundriß links von dem Raume unter der Klappe, rechts diese von oben gesehen mit den Friesen ringsum, und punktiert Schrank und Nische. Die Platte wird innerhalb der Friese mit Tuch oder Ledertuch überzogen.

Fig. 6a zeigt die Lisene im Durchschnitt nebst punktierter Andeutung der obern Stelle mit der Kehlung.

Fig. 10 ein Bücherschrank, 172 cm hoch, 100 cm breit und 37 cm tief in der Höhe des Schubkastens mit Sockel und Fuß aber 40 cm. Die Tiefe von 37 cm erlaubt, wenn es nötig erscheint, noch eine Stufe für kleinere Bücher in jeder Abteilung von 12 bis 13 cm Breite an der Rückwand anzubringen, es bleiben dann immer noch 17 cm für die vordere Reihe der Bücher. Die Höhe bis zum Schubkasten ist $29^{1}/_{2}$ cm, die Thür ist demnach 125 cm hoch, die Glasscheibe im Lichten 84 cm hoch und 26 cm breit, die Rahmen der Thüren sind mit dem 3 cm breiten Kehlstoß $7^{1}/_{2}$ cm breit. Die Lisenen sind reichlich 6, die Schlagleiste 3 cm breit. Der Fries mit Gesims ist $12^{1}/_{2}$ cm breit, das Gesims hat 7 cm Ausladung. Der Aufsatz ist $13^{1}/_{2}$ cm hoch, mit Federfries geziert, in der Mitte mit einem Spitzquader, und der Frontspitz schließt mit einem 2 cm breiten Karnies ab.

Die Lisenen haben unten und oben gekehlte Konsolchen, welche in Dreherei endigen, als Zierde; die Mitte erhält eine schmale Hohlkehle, und zu beiden Seiten 11 mm breite Stäbchen, wodurch die Lisenen einen lebhaften Eindruck erzeugen.

Fig. 11 ist der Grundriß links mit der Thür, rechts mit den Schubkasten gegeben, a zeigt die Konsole unter dem Gesims.

Fig. 12 Seitenansicht der obern Partie.

Fig. 13 Durchschnitt des Schubkastens &c.

TAFEL 6

enthält einen Etagereschrank, Schreibsekretär und kleines Stehpultchen.

Fig. 1 der Etagereschrank ist 98 cm hoch, 95 cm breit und $43^1/_2$ cm tief, die Füße 29 cm hoch und an den Wulst durch Aufleimen bis 9 cm zu verstärken. Der Schubkasten ist 12 cm hoch, die Lisenen 7 cm, die Schlagleiste 3 cm breit. Die Rahmen der Thüren sind mit Kehlstoß 8 cm breit, neben den Bogen des obern Rahmenstückes sind $3^1/_2$ cm große gedrehte Scheibchen angebracht um die Fläche zu unterbrechen. Der Schubkasten ist 1 cm stark, 32 mm breit verdoppelt.

Der Etagereaufsatz ist 64 cm hoch ohne den bekrönenden Aufsatz und enthält zwei Böden von geschweifter Form. Der untere Boden liegt 29 cm hoch, der zweite 39 und der Fries oben ist 9 cm hoch, die Einfassung dieses Frieses ist $2^1/_2$ breit, die Rahmen der beiden untern Abteilungen sind sichtbar 5 cm breit. Die Säulen sind $7^1/_2$ cm stark und die bekrönenden Spitzen 11 cm ohne Sockel hoch. Der Aufsatz ist 17 cm hoch, die Verzierung ist auf Grund gearbeitet und derselbe gestuppt, der Karnies mit Bogen ist extra aufgesetzt. Nebenan in

Fig. 3 ist von dem obern Boden ab der Seitendurchschnitt und Ansicht gegeben, in

Fig. 4 der Sockel von der Seite gesehen.

Bemerkt soll noch werden, daß alle Schlüsselschilder, welche nicht als gedrehte Rosetten angegeben in vernickelten Metall zu verstehen sind, die Arbeiten mögen poliert, lackiert oder bloß gebeizt und mit Politur abgerieben sein, immer sind Metallschilder gemeint.

Fig. 2 zeigt links die Thüren nebst Etagereboden und rechts den Schubkasten und Rückwand im Grund.

Fig. 5 ein Schreibsekretär mit Schränkchen, unter der Klappe 94 cm breit, 156 hoch und 46 cm tief. Die Klappe ist 42 cm hoch und diese, wie auch die Thüren zweimal verdoppelt; die Klappe ist 4 cm stark, die Thüren bloß 29 mm. Das Rahmenholz ist 9 cm breit samt dem Kehlstoß, der Fries mit Hohlkehle 3 cm, dies Maß gilt für Klappe und Thüren. Der Schubkasten erhält bloß einen Fries von 8 mm. Stärke ebenfalls 3 cm breit und 14 cm hoch. Ringsum läuft eine 2 cm breite Hohlkehle mit Plättchen als Einfassung. Der Fries mit Gesims ist 12 cm hoch, davon das Gesims 6 cm bei 7 cm Ausladung, das Stäbchen ist $1^1/_2$ cm breit. Füße mit Sockel sind 12 cm hoch, und der Aufsatz $13^1/_2$ cm.

Nebenan ist der halbe Einsatz aufgezeichnet. Drei Schubkasten befinden sich in der obern Reihe und vier unten, an jeder Seite zwei, dazwischen sind zwei verschließbare Schränkchen von 22 cm Thürenbreite und ebenso hoch; die Thürchen sind 4 cm breit aufgedoppelt, alle Kästchen sind mit Federfries eingefaßt, ebenso auch der Spiegelrahmen in der $25^1/_2$ cm breiten Nische, welcher hinten als Rückwand steht. Die Lisene zwischen Thür und Nische ist oben mit einer ausgesägten Verzierung belegt, darunter mit einer schmalen Platte, oben und unten bei den Schubkasten bloß mit drei Stäben, zwei schmalen und einen doppelt breit, gekehlt. Die mittlere Abteilung der untern Reihe besteht aus fünf Brieffächern, welche herauszuziehen sind und die Hälfte der Tiefe des Einsatzes haben sollen, dahinter ist dann noch ein benutzbarer verborgener Raum als Schubkasten.

Fig. 6 stellt den Grundriß dar, links die Klappe und Einsatz im Durchschnitt und Grund, rechts den untern Teil mit der Thür und Angabe der Lisene mit der halben Säule.

Fig. 7 zeigt dreimal vergrößert den Durchschnitt über den Schubkasten an.

Fig. 8 ist der vergrößerte Durchschnitt der Klappe.

Fig. 9 der dritte Gegenstand dieser Tafel ist ein kleines Stehpult, welches sehr wenig Raum beansprucht und dabei praktisch eingerichtet ist. 70 cm ist die Breite, die Höhe hinten 123 cm, vorn 113. Die Platte ist 37 cm breit. Die Nische ist 19 cm, und der hintere Raum unter der Klappe 23 cm hoch mit einem Boden in der Mitte. $18^1/_2$ cm beträgt die Höhe unten bis an den Boden.

Die Thüren sind 45 cm hoch, die Rahmen 7 cm breit, der Schubkasten darüber 8 cm hoch. Die Seiten sind 4 cm stark, welches aber bloß nach vorn stattfindet durch Aufleimen, nach hinten genügt gewöhnliche Brettstärke von 23 mm. Die Schlagleiste ist 27 mm breit und gekehlt. Außer dem gedrehten Tropfen ist die Vorderkante der Seiten noch mit einem Stäbchen verziert. Der Aufsatz endigt an den Seiten in 5 cm hohen Galerien und trägt in der Mitte 11 cm von unten eine kleine Konsole. Der 17 cm hohe Aufsatz ist an drei Stellen durchbrochen und trägt auf den Ecken gedrehte Knöpfchen.

Fig. 11 gibt den vollständigen Seitendurchschnitt an, zeigt den Raum unter der Klappe, die Nischenkonsolen nebst Boden und den Schubkasten, ferner den durch die Thüren verschlossenen Raum mit Unterschiedboden, den untern Boden und die darunter befindliche ausgeschweifte Sockelleiste. Die Schlüsselschilder sind gedrehte Rosetten. Dieses Pultchen ist in gestrichener Arbeit eichenartig auszuführen und zu lackieren.

TAFEL 5

Details in natürlicher Größe
zu den Fig. 1 und 6
finden Sie auf
dem Modellbogen N° 2.

Fig. 8
Fig. 10.
Fig. 12.
30 C
Fig. 9.
67 Cent
Stehpult
Fig. 13.
Bucherschrank
Uhr
Fig. 7
Fig. 11.
2 Met.
1 2 3 4 50 6 7 8 9 100 C.

TAFEL 6

Fig.1.

Etagèreschrank.

Fig.3.

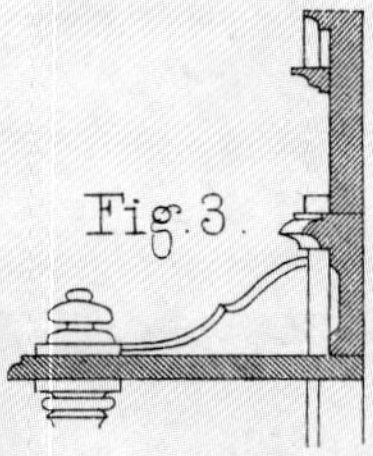

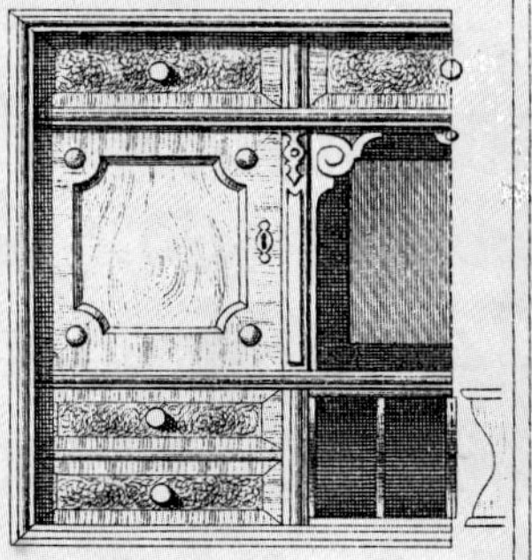

Fig.4.

Fig.2.

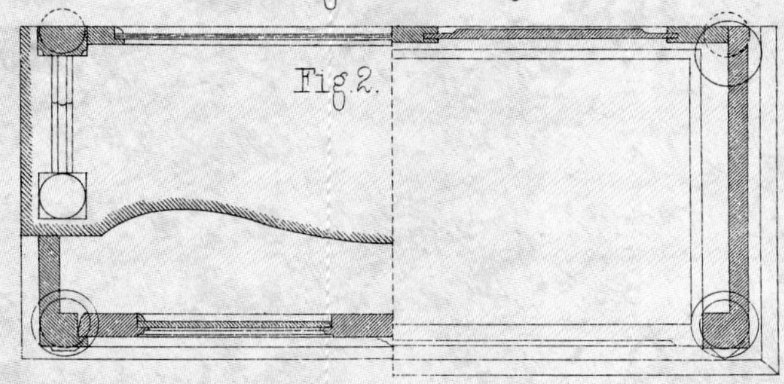

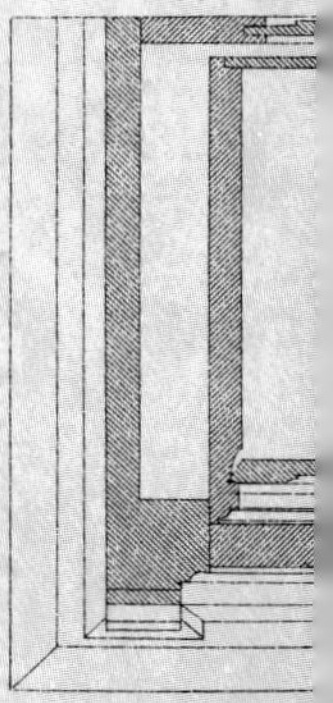

Details in natürlicher Größe
zu den Fig. 1 und 5
finden Sie auf
dem Modellbogen N° 2.

Fig. 5.

hreibsekretär.

Fig. 7.

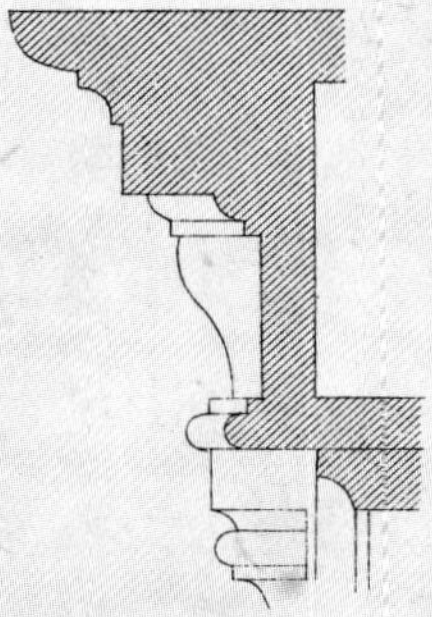

Fig 8.

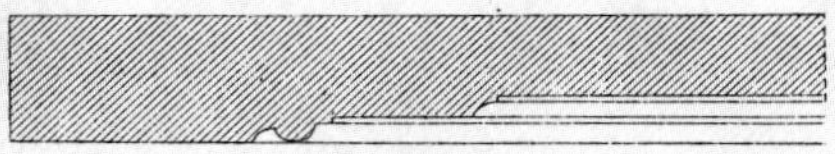

Fig. 11.

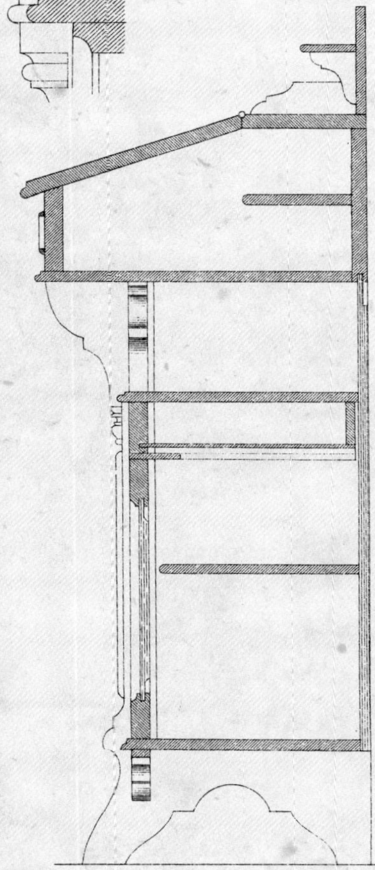

Fig. 9.

Kleines Schreibepult.

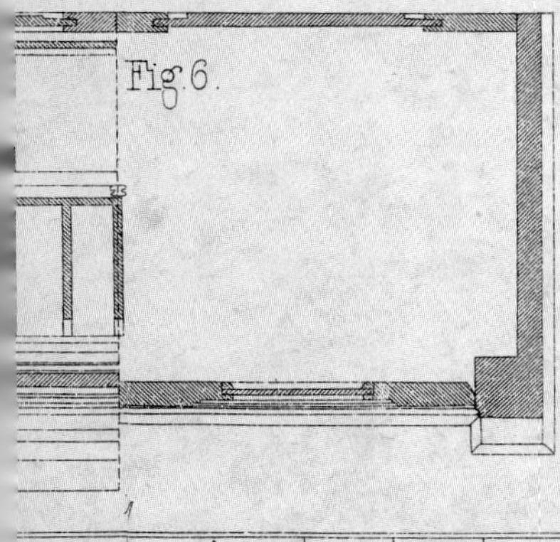

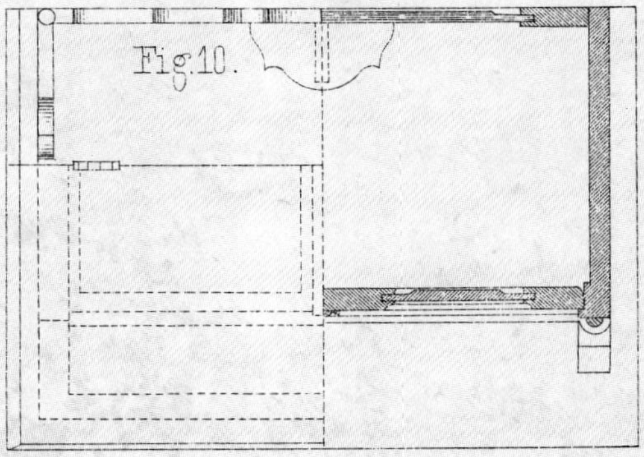

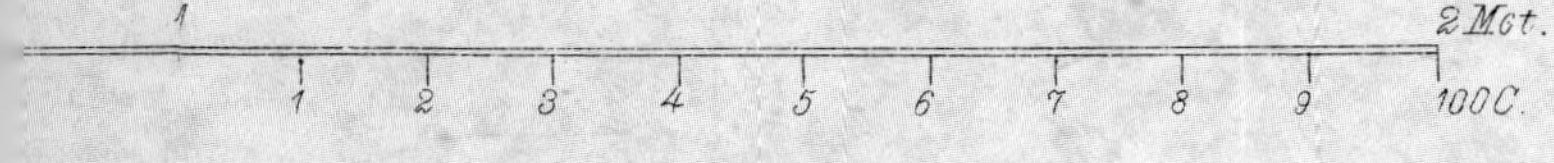

TAFEL 7

Fig. 1 ein Herrenschreibtisch, der Korpus besteht in einer $36^1/_2$ cm hohen Zarge mit fünf Schubkasten, ist 110 cm breit und 64 cm tief. Die obern drei Schubkasten sind $12^1/_2$ cm, die beiden neben der Nische jedoch 15 cm hoch, die Nische ist $38^1/_2$ cm breit, der darüber befindliche Schubkasten ist verdoppelt. Die 6 cm breiten Lisenen sind mit zwei Hohlkehlen und Konsole unter der Platte verziert, zu beiden Seiten abgefast. Die Füße sind an der stärksten Stelle, dem Wulst, 9 cm stark. Die Lisenen der Nische sind 27 mm breit und mit zwei kleinen Hohlkehlen versehen.

Der Aufsatz ist $19^1/_2$ cm hoch und enthält zwei 8 cm hohe und 28 cm breite Schubkasten. Die Nische ist 40 cm breit und in dieser Breite ist die Rückwand durch einen $4^1/_2$ cm breiten Federfries als Rahmen aufgefaßt, worin die 1 cm starke Füllung 8 mm zurückliegt. Die den Aufsatz schmückende Galerie ist 5 cm hoch und wird aus 18 kleinen und 6 größeren Endtraljen hergestellt. Das Verbindungsstück in der Mitte ist $1^1/_2$ cm stark und auf die einfachste Art als Verzierung ausgeführt. 25 cm ist die Tiefe des Aufsatzes.

Fig. 2 ist der spezielle Grundriß von unten, mit Schubkasten und Thür je zur Hälfte angeführt; der Aufsatz zeigt links die Schubkasten nebst den betreffenden Teilen und rechts die Galerie im Grund. Die vier Füße sind durch die Kreise angedeutet.

Fig. 3 gibt einesteils den Schnitt durch die Platte mit Profil der Konsole, und in d das Profil der Seiten, welche im Grundriß mit c bezeichnet sind. Die Stärke derselben ist 28 mm, die Kante ist gefräst.

Fig. 1 a, b und c gibt vergrößert die Profile der Lisenen, welche im Grundriß dieselben Buchstaben haben.

Fig. 4 eine Pultkommode mit vier Schubkasten, 104 cm breit und 117 cm hoch ohne Galerie. Die Tiefe ist 53 cm, die obere Platte ist $27^1/_2$ cm breit und die Höhe bis zu dieser von dem Vorsprung der Kommode ist 44 cm. Die Klappe ist 39 cm breit und umrahmt mit einer Aufdoppelung von 10 cm Breite und 1 cm Stärke. Maserfüllungen von 10 cm Breite liegen zu beiden Seiten der Rosette und außer dieser sind noch kleine Rosetten in den ausgerundeten Ecken der Füllungen angebracht. Die beiden durchgehenden Schubkasten sind 15 cm hoch, die untern kleinen 22 cm, die Nische ist 35 cm breit, die Füße 7 cm hoch. Die mit Dreherei, Konsolen und Doppelung gezierte Lisenen sind 5 cm breit und treten gegen das Sockelstück und oben 3 cm zurück. Der Aufsatz ist 18 cm und die Galerie 5 cm hoch.

Es bleibt nur noch die Einrichtung des Schreibepultes Fig. 7 zu erklären. Sechs Schubkasten von je $7^1/_2$ cm Höhe mit einer 35 cm breiten und 17 cm hohen Nische und den 21 mm breiten geschweiften und gefrästen Lisenen bilden nebst dem obern Fries die Einrichtung. Die Schubkasten sind 19 cm tief, mit Maserfüllung und Federfries, auch der obere Fries, geschmückt. Die Nische hat noch eine einfache Einfassung erhalten, welche sich an den Seiten auf kleine Pilaster stützt.

Fig. 5 der Grundriß gibt links von unten die Schubkasten und die Hälfte des Eingerichtes von oben zu erkennen, rechts punktiert, die unterste Partie nebst Fuß, sowie den Vorsprung der Platte mit Andeutung der Scharnierbänder für die Klappe, dann weiter die oberste schmale Platte mit der Galerie an.

Fig. 6 zeigt den Seitendurchschnitt in der ganzen Höhe mit Weglassung der Schubkasten. Fig. 4 a gibt Schnitt und Profil der Lisenen im Grundriß mit a bezeichnet.

Fig. 8 Herrenschreibtisch mit zwei Schränkchen 32 cm breite und drei $14^1/_2$ cm hohen Schubkasten darüber. Die ganze Breite beträgt 113, die Nische ist allein $46^1/_2$ cm. Die Tiefe ist 64 cm. Die Schubkasten sind verdoppelt, der mittlere besonders stark, die Seitenrahmenteile der Thüren mit den runden Ecken sind 8 cm, die obern und untern bloß $6^1/_2$ cm breit. Alle Füllungen sind auf Federfries furniert.

Der Aufsatz enthält zwei 32 cm breite und ohne Galerie $12^1/_2$ cm hohe Seitenteile mit Schubkasten und dazwischen eine 48 cm breite Nische mit einem Boden von 22 cm Breite, auf welchen hinten ein ausgeschweifter Aufsatz die Seitenteile verbindet, diese sind 27 cm tief. Der Aufsatz ist in der Mitte $11^1/_2$ hoch, die Seitengalerien 29 mm, in der Mitte $6^1/_2$ cm hoch.

Fig. 9 der Grundriß von unten und oben durch Thüren und Schubkasten geschnitten.

Fig. 10 zeigt den Sockel und Füße von der Seite gesehen.

Fig. 11 vordere Stelle der Seitengalerie.

TAFEL 8

Fünf Kommoden in verschiedener Anordnung und Dekoration sind hier aufgezeichnet.

Fig. 1 stellt eine **Kommode** dar mit fünf Schubkasten, mit drei durchgehenden großen $16^1/_2$ cm hoch, und zwei solchen darüber von 13 cm Höhe, diese sind mit Federfries verziert, die untere aber mit einer 34 cm langen und $8^1/_2$ breiten 1 cm starken abgerundeten, auf Federfries furnierten Verdoppelung.

Die Breite ist 97 cm, die Höhe 81 und die Tiefe 48 cm bei den obern Schubkasten, die untern treten $2^1/_2$ cm zurück. Die Füße sind $5^1/_2$ cm hoch und die Lisenen 6 cm breit, dieselben sind durch Pilaster verziert, welche mit Kapitäl und Sockel und noch besonders mit einer schmalen Spitzfüllung bedacht sind. Der untere Teil ist durch Facette und gedrehten Knöpfchen noch besonders markiert.

Fig. 2 stellt in der ganzen Höhe den Seitendurchschnitt der Vorderfront dar.

Fig. 3 **Kommode** mit vier Schubkasten, die Höhe ist 84 cm, die Breite und Tiefe aber gleich Fig. 1, 97 und 48 cm. Die Lisenen mit den halben Säulen sind 6 cm breit und der Sockel ist den Säulen und Füßen analog abgerundet, letztere sind $5^1/_2$ cm hoch. Die drei untern Schubkasten sind je $19^1/_2$ cm hoch, der obere aber bloß $7^1/_2$ cm. Die Schubkasten sind mit 47 mm breiten Friesen versehen und 16 mm breite Stäbchen mit Plättchen an den Fugen aufgeleimt, so daß dadurch eine 8 mm breite Füllung gebildet wird. An den Schaft der Säulen sind Stäbe angekehlt, das Schild des obern Schubkastens besteht aus gedrehter Rosette, die untern Schlüsselschilder sind Metall. Unter der gekehlten $3^1/_2$ cm starken Platte liegen auf der Lisene 23 mm hohe Spitzquader.

Fig. 4 ist der Grundriß, welcher in allen Verhältnissen für beide Kommoden Fig. 1 und 3 maßgebend ist.

Fig. 5 eine **Kommode** mit 6 Schubkasten, 79 cm hoch, 96 breit und 48 tief, alle Schubkasten sind mit Federfries und Metallschlüsselschildern verziert. Die obern vier in der halben Breite der untern sind 12 cm hoch, die untern je 18 cm. Die Lisenen sind reichlich 5 cm breit an den Seiten zum Teil schmal abgeschrägt und mit einem kräftigen oben und unten abgerundeten Stab auf der Mitte, oben eine 4 cm vorspringende Konsole, welche mit einer halben gedrehten Endung schließt, auf dem Sockelstück ist eine gedrehte Spitze aufgesetzt.

Diese Kommode ist in dem Höhenverhältnis auch geeignet für bloß drei Schubkasten, jeder derselben würde 20 cm hoch.

Fig. 6 Seitenansicht der Lisene und Schnitt durch die Platte und Sockel 2c.

Fig. 7 **Kommode** mit vier platten Schubkasten und gedrehten Rosetten als Schlüsselschilder. Was hier an den Schubkasten zu einfach ist, wird durch reicher gekehlte 6 cm hohe Platte und den herumlaufenden breit gekehlten und ausgeschweiften Sockel ersetzt. Die Füße sind hier gedreht, an Fig. 8 aber vierkantig mit gekröpfter Kehlung. Das Größenverhältnis ist in Breite und Tiefe wie vorige Kommode, die Höhe aber 5 cm mehr, also 84 cm.

Die Lisenen sind 5 cm breit und sowohl oben wie unten mit Konsolen von gleicher Form geschmückt, und in der Mitte noch mit einer 4 mm dicken Platte worauf ein Rundstäbchen liegt. Der obere Schubkasten ist $11^1/_2$ cm hoch, die drei untern je 16 cm.

Fig. 8 der Grundriß in dem Größenverhältnis für Fig. 5 und 7 ist ganz überein.

Fig. 9 Seitendurchschnitt und Lisene von der Seite gesehen.

Fig. 10 **Kommode** mit Schrankaufsatz, dieselbe ist 99 cm breit und 86 cm hoch bei der Tiefe von 47 cm. Vier Schubkasten und ein Auszug unter der Platte, nebst den 6 cm breiten mit Halbsäulen gezierten Lisenen, geben die Einteilung der Vorderfront. Der obere Kasten ist 13 cm hoch, die untere $16^1/_2$ cm. Dieselben sind mit Metallschildern geziert, die Füße sind vierkantig und gekehlt, der Auszug bekommt zu beiden Seiten 6 cm breite harte Anfaßleisten, ringsum einen Fries von 4 bis 5 cm und wird mit grünem Tuch bezogen. Der Aufsatz ist ohne Bekrönung 90 cm hoch, der untere Teil mit drei Schubkasten ist 11 cm hoch, bleibt für den Schrank 79 cm; derselbe ist 71 cm breit und 29 cm tief, enthält zwei Thüren mit $6^1/_2$ cm breiten Rahmen und sind schmale Spitzfüllungen aufgelegt auf den breiten untern Rahmenstücken und den 17 cm breiten Füllungen. Zu beiden Seiten des Schrankes sind $10^1/_2$ cm breite Stellen, begrenzt durch die ausgeschweiften Rückstücken, zur Aufstellung von Vasen 2c. offen gelassen.

Der bekrönende Aufsatz ist 18 cm hoch, zu beiden Seiten ausgeschweift und mit Doppelungen und gedrehten mit Stäben verzierten Rosette versehen, in den Bogen der Thüren sind ähnliche kleine Rosetten angeführt. Das Gesims ist 8 cm hoch und hat 7 cm Ausladung.

Fig. 11 der Grundriß, links Schubkasten, Lisene und Säule, rechts oberer Schubkasten mit Plattenübersprung von unten, sowie den obern Schrank und den Teil mit den drei Schubkasten darunter, dieselben sind durch feine punktierte Linien angedeutet, die äußerste Linie bedeutet die Platte dieses Teiles.

Fig. 12 der Höhendurchschnitt, ohne Schubkasten, von der Kommode. Diese Kommode mit Aufsatz eignet sich in der ganzen Anordnung recht gut für eine Schreibkommode, wenn das Vorderstück des obern Kastens zum Herunterklappen eingerichtet wird und etwas höher ist.

TAFEL 7

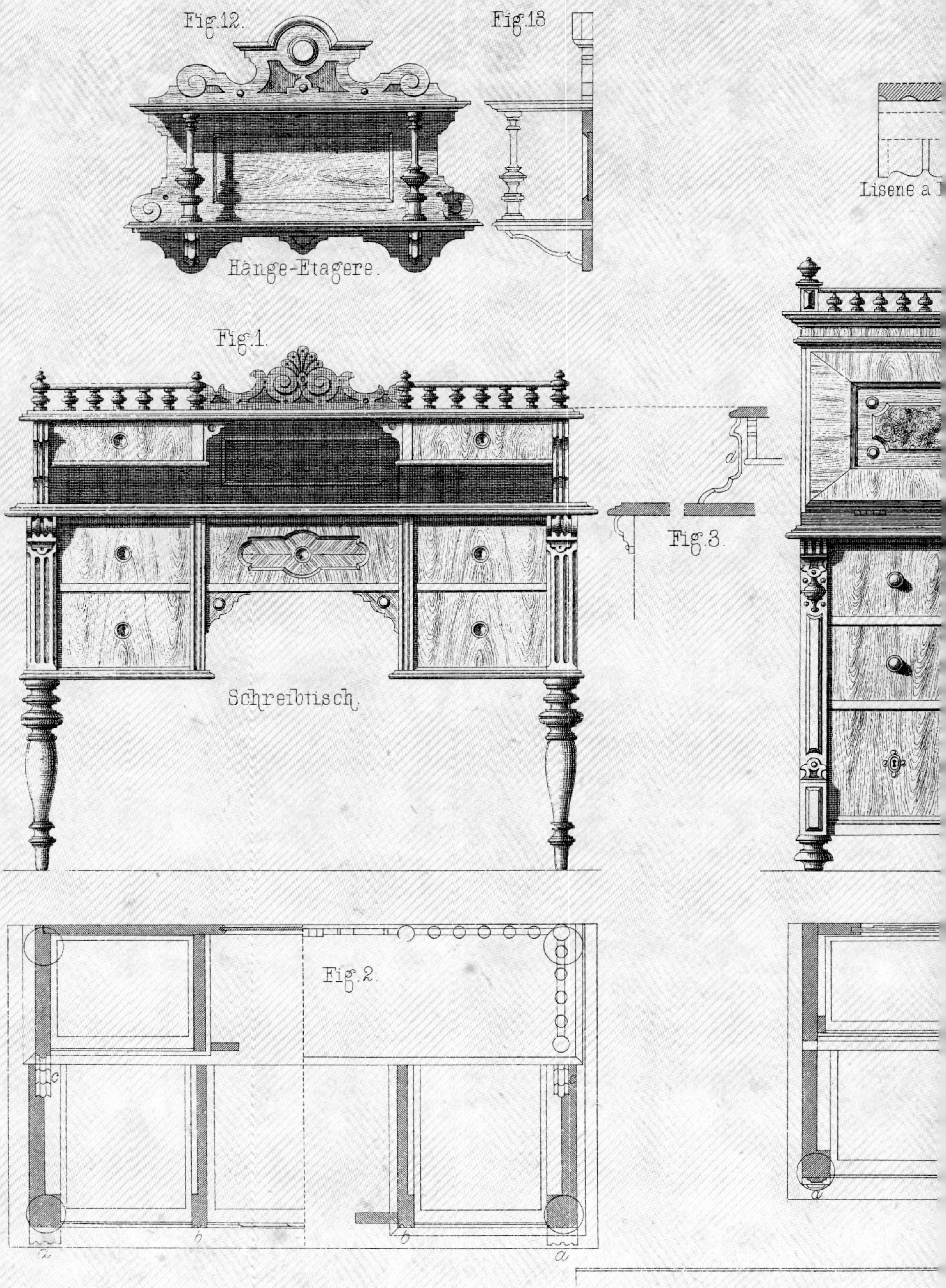

Details in natürlicher Größe
zu den Fig. 1, 4, 8 und 12
finden Sie auf
dem Modellbogen N° 2.

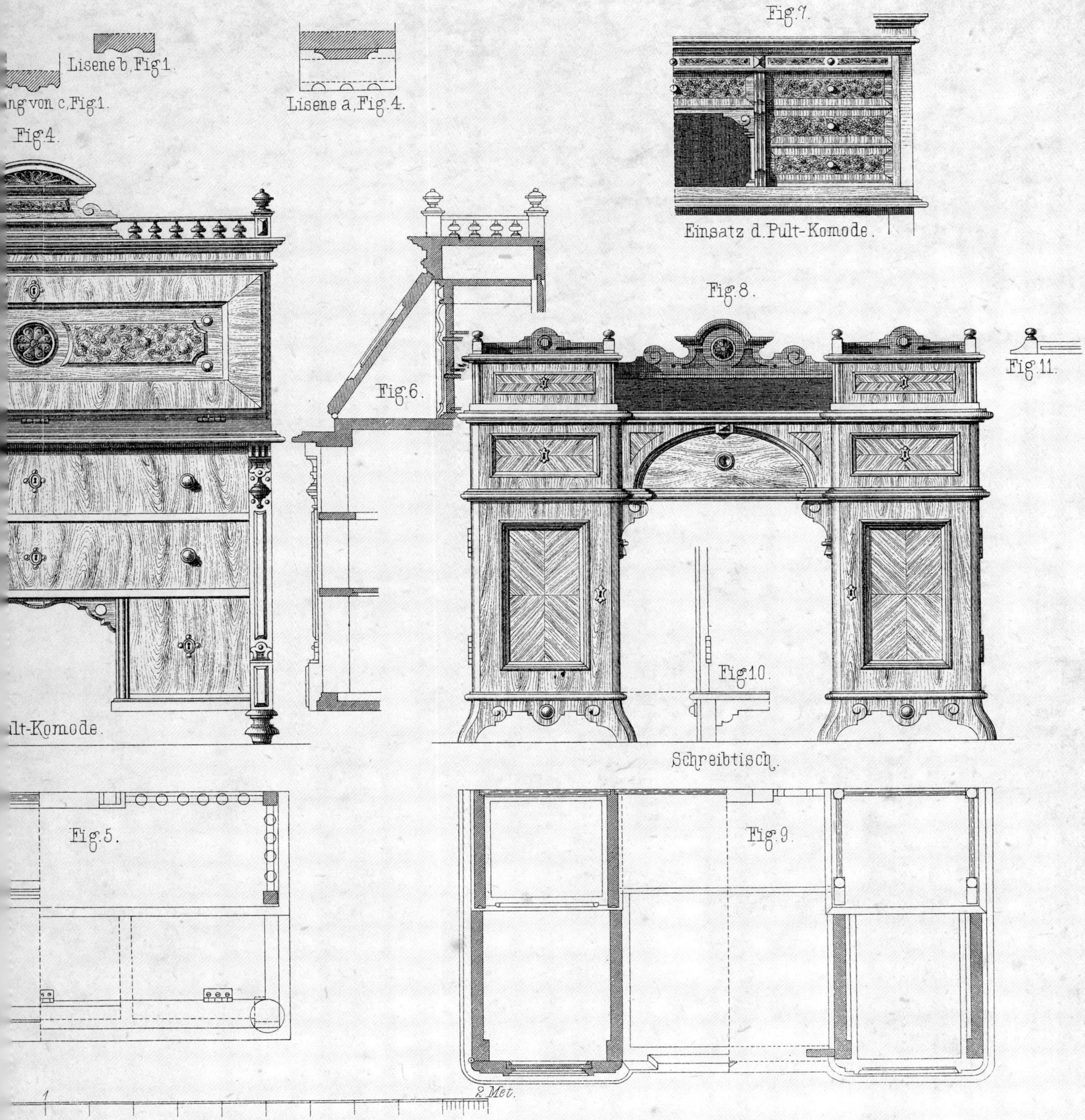
Lisene b, Fig.1.
ng von c, Fig.1.
Lisene a, Fig.4.
Fig.4.
Fig.7.
Einsatz d. Pult-Komode.
Fig.8.
Fig.6.
Fig.11.
Fig.10.
lt-Komode.
Schreibtisch.
Fig.5.
Fig.9.
1
2 Met.

TAFEL 8

Fig.1.

Fig.2.

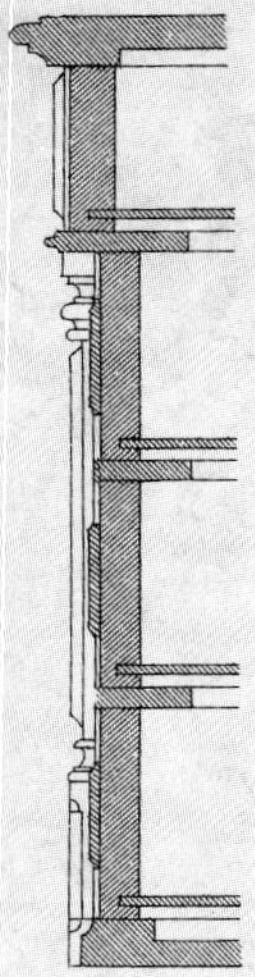

Fi

Komode mit 5 Schubkasten.

Fig.3.

Fig.12.

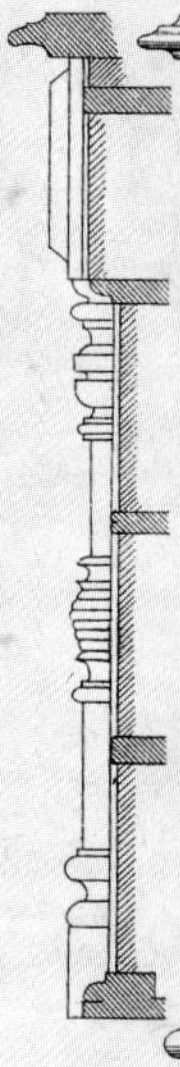

Details in natürlicher Größe
zu den Fig. 3, 5 und 10
finden Sie auf
dem Modellbogen N° 3.

Komode mit 4 Schubkasten.

Komode mit Sch

Fig.4.

…tz mit 4 Schubkasten und Auszug.

Fig. 6. Fig. 5.

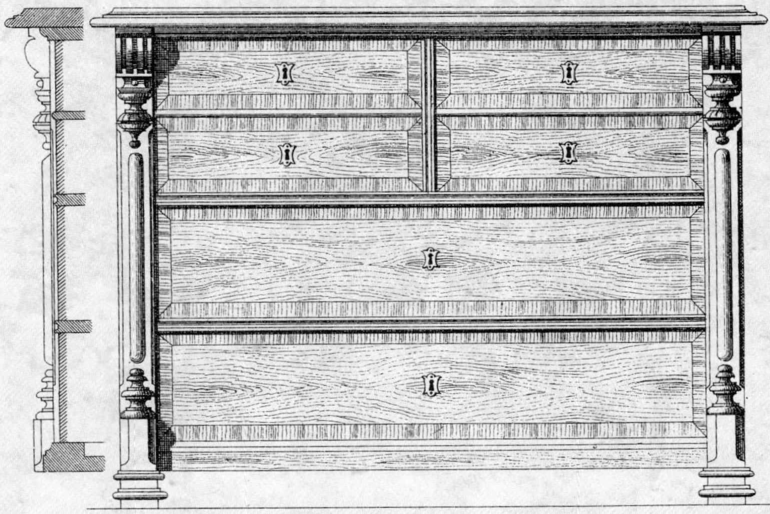

Komode mit 6 Schubkasten.

Fig. 9. Fig. 7.

Komode mit 4 Schubkasten.

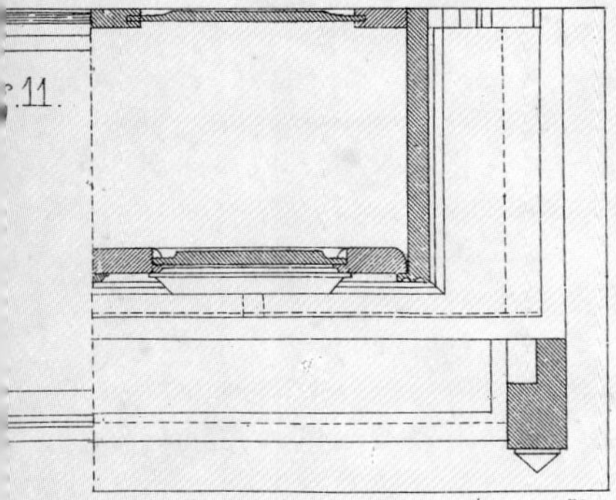

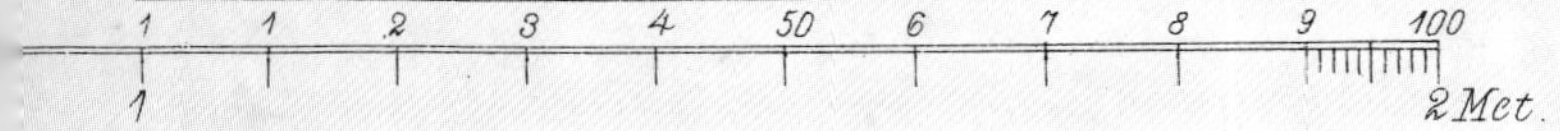

TAFEL 9

enthält drei Glasschränke und einen ganz einfachen Schemel mit den nötigen Grundrissen und Details.

Fig. 1 Glasschrank aus zwei Teilen, dem 89 cm breiten, 74 cm hohen und 41 cm tiefen untern zweithürigen und flachen 9 cm hohen Schubkasten, und dem obern Schrank, welcher 98 cm hoch ist, 79 breit und 36 cm tief. Die Lisenen des untern Schrankes sind 9 cm breit und ganz einfache Pilaster zieren dieselben, die Schlagleiste ist $4^1/_2$ cm breit. Der Schubkasten springt 3 cm vor. Fuß und Sockel sind zusammen 16 cm hoch. Die obern Lisenen sind 7 cm breit und auch durch einfache Pilaster geschmückt, der Fries und Gesims über den Thüren ist 13 cm hoch, das Gesims ladet 11 cm aus und ist $6^1/_2$ cm hoch. Der Aufsatz ist 24 cm hoch, mit der 18 cm hohen Nische beträgt die ganze Höhe von der Platte ab 140 cm. Die Thürrahmen sind mit der schmalen Hohlkehle 6 cm breit. Das Innere erhält je nach Bedürfnis zwei oder drei Böden, welche auf Leisten gelegt werden. Was die gedrehten Teile betrifft, so sind die Spitzen 17 cm, die Nischensäulen mit Kopf und Sockel 18, und die Füße 8 cm hoch.

Fig. 2 ist der Grundriß hierzu, rechts von unten, links von oben, mit den Thüren gegeben.

Fig. 3 zeigt Lisene und Thürenrahmen von unten in dreifacher Vergrößerung.

Fig. 4 ein Bücherschrank, 160 cm hoch und 90 cm breit, die Tiefe ist 38 cm. Die Höhe bis an die Thüren ist 35 cm, davon kommt auf den Schubkasten 17 cm, auf die gekehlten Füße und Sockel 13 cm. Der Schubkasten ist $4^1/_2$ cm breit verdoppelt und an dieser Doppelung eine 16 mm breite Hohlkehle und Plättchen angebracht. Die Lisenen sind $7^1/_2$ cm breit und mit Pilastern versehen, welche durch zwei Hohlkehlen in drei Streifen geteilt und unten mit Sockel, oben mit Kapitäl und Konsole versehen sind. Die Schlagleiste ist 4 cm breit, 13 mm stark und ladet oben wie unten konsolartig aus. Die Thürenrahmen sind 8 cm breit, davon kommen auf den Kehlstoß 24 mm. Der Gesimsfries ist $12^1/_2$ cm hoch, das Gesims allein 7 cm und die Ausladung der obern Platte ist 9 cm. Der Aufsatz ist 25 cm hoch, die kleinen Pilaster liegen 40 cm auseinander und sind im Schaft 5 cm breit. Die Spitzen an den Seiten sind 16 cm hoch und 7 cm im Quadrat stark.

Fig. 5 zeigt im Grund rechts den Schnitt bei den Schubkasten und links durch die Thüren.

Fig. 6 ist der vergrößerte Grundriß der Lisenen und des Thürenrahmes, in a ist die Seitenansicht der Lisenenkonsolen zu sehen.

Fig. 7. Dieser Schrank ist wieder aus zwei Teilen aufgebaut, und die Thüren sind an den Seiten mit Scharnierbändern angeschlagen und fallen deshalb die Lisenen fort. Der untere Schrank ist 72 cm hoch, 88 breit und 40 cm tief, der obere 81 cm breit und 35 tief. Der ganze Oberbau ist bis zum Gesims 120 cm hoch und der Aufsatz 27 cm, die ganze Höhe also 219 cm. Die obern Thürenrahmen sind 9 cm breit, die untern 8 cm, die Kehlstöße 29 mm breit. Der Schubkasten ist 10 cm hoch und aufgedoppelt. In a sind die Backen an den Seiten in Profil aufgezeichnet. Die obere Schlagleiste ist 4, die untere $4^1/_2$ cm breit. Die Seiten des obern Schrankes gehen voll bis auf die Platte herunter und sind an der Nische 8 cm breit winkelig gearbeitet, als Sockel auch an den Seiten fortgeführt.

Fries und Gesims sind 16 cm hoch, davon kommen auf das Gesims 6 cm, auf das Stäbchen 2, die Ausladung beträgt 8 cm. Der Aufsatz ist 27 cm hoch und als Abschnitt eines 7 cm breiten Rahmens gedacht, welche Kehlung auf Gehrung gekröpft, mit dem Gesims, und der einfachen Bekrönung einen passenden Abschluß dieses Schrankes abgibt. An den Seiten stehen als Stützen Viertel einer gedrehten Rosette von 20 cm Durchmesser.

Fig. 8 ist der Grundriß hierzu, von beiden Teilen durch die Thüren geschnitten gedacht, a gibt das Profil der Backen.

Fig. 9 Thürenrahmen mit Füllung in vierfacher Vergrößerung. Sämtliche Schlüsselschilder der Schränke sind in Metall gedacht und in den besseren Eisenhandlungen in den schönsten Mustern außerordentlich billig zu haben.

Fig. 10 und 11 stellt in Ansicht und Grundriß einen höchst einfach konstruierten Schemel dar, von 31 cm Geviert des Sitzes und 47 cm Höhe. Die Füße sind Hartholz und reichlich 4 cm stark im Quadrat. Die Zargenteile sind 11 cm breit, die gekehlte Sitzkante $3^1/_2$ cm.

TAFEL 10

Drei verschiedene Schränke kommen hier zur Anschauung.

Fig. 1 Chiffonniere, 168 cm hoch, 88 breit und 44 tief, Schubkasten und Gesimsfries treten noch $3^1/_2$ cm vor. Die Lisenen sind 7 cm breit und mit einer 6 mm starken Platte von 38 mm Breite bedacht, unten wie oben liegen zwischen der Platte und den vorspringenden Teilen kleine Spitzquader. Der Schubkasten ist 17 cm hoch, Füße und Sockel 11 cm. Der Rahmen der Thür hat mit dem Kehlstoß 12 cm Breite, der Kehlstoß $3^1/_2$ cm.

Die Mitte der Thür ist durch eine 9 cm hohe und 4 cm breite, durch Hohlkehlen verzierte Konsole unterbrochen, und zu beiden Seiten sind $7^1/_2$ cm im Durchmesser haltende gedrehte Ringe als Zierde angebracht. Der Fries ist 15 cm, das Gesims 7 cm hoch und hat 8 cm Ausladung. Drei 4 mm dicke kreisrunde Scheibchen sind auf den Fries über den Lisenen und der Konsole aufgelegt. Der durch Sägearbeit hergestellte Aufsatz ist 16 cm hoch und die Urnen an den Seiten sind 10 cm hoch und 8 cm im Durchmesser.

Fig. 2 der Grundriß bei den Schubkasten links, und rechts von den Thüren genommen.

Fig. 3. Das Profil in der ganzen Höhe der Front.

Fig. 4 eine Doppel-Chiffonniere mit zwei Thüren und zwei Schubkasten darunter. Die Lisenen sind mit Säulen geziert und 8 cm breit. Die Höhe ist 181 cm, die Breite 106 und die Tiefe 47 cm, die Thüren treten $4^1/_2$ cm zurück. Die Höhe von den Schubkasten und Sockel bis zu den Thüren ist 34 cm, die Schubkasten allein 16 cm hoch, Sockel und Fuß $15^1/_2$ cm.

Die Thüren haben je zwei Füllungen, wovon die kleine untere $11^1/_2$ cm, die obere 77 cm hoch ist, die Breite 20 cm. Der Thürenrahmen mit Kehlstoß ist 11 cm, die Schlagleiste 4 cm breit. Der Fries über den Thüren ist 14 cm, das Gesims 6 cm hoch und hat ebensoviel Ausladung. Zu beiden Seiten liegen 5 cm breite und hohe Spitzquader. Der $15^1/_2$ cm hohe Aufsatz ist durchbrochene Sägearbeit, oben mit einem Viertelstab gesäumt. Der Sockel an den Seiten hat dieselbe Ausschweifung ohne Mittelteil.

Fig. 5 der Grundriß links an Stelle der Thüren, rechts bei den Schubkasten genommen.

Fig. 6 Höhendurchschnitt der Front.

Fig. 7 ein sogenannter Tresorschrank für Aufbewahrung von Wertgegenständen und schönen Gefäßen in der obern Abteilung, ist ein passendes und praktisches Möbelstück. Dasselbe besteht aus drei Teilen, dem untern Schrank mit zwei Thüren und zwei Schubkasten, welche 4 cm vor den Thüren vorspringen, und dem mittleren Teil, welcher in dem Innern durch Böden in verschiedene Räume geteilt und durch zwei Thüren verschließbar ist, und dem obern Teil, welcher als Etagere zu betrachten ist. Die Breite ist 102 cm und 43 cm Tiefe für den untern Teil, die beiden Abteilungen darüber sind bloß 36 cm tief, da aber der Schubkasten noch 4 cm weiter vortritt, erhält die Platte gegen den mittleren Teil einen Vorsprung von 17 cm; an den Seiten natürlich nicht.

Der untere Schrank ist 80 cm hoch, die zweite Abteilung 59, und die obere 48 cm. Die Lisenen sind 8 cm breit, die untere mit Pilastern von verschiedener Einteilung und Gliederung, die mittlere bloß mit einer Füllung aufgedoppelt, und das Gesims der obern Abteilung wird durch freistehende 8 cm starke, gedrehte Säulen getragen.

Das Rahmenholz der Thür ist mit dem Kehlstoß 9 cm breit, die untern Füllungen treten mit angekehlter Hohlkehle vor, sie haben an den Kehlstoß noch eine Einfassung von $1^1/_2$ cm Breite und in den Ecken Spitzquader. Die Platte des mittlern Teiles trägt das kräftige Gesims von $11^1/_2$ cm Höhe und 7 cm Ausladung. Der Wulst ist durch schmale Hohlkehlen verziert. Die Schlüsselschilder sind bis auf diejenigen der Schubkasten aus Metall, auch die der beiden Chiffonnieren.

Fig. 8 links der Grundriß der untern Abteilung, rechts von der obern durch die Thüren gegeben.

Fig. 9 Seitenansicht und teilweiser Durchschnitt der Front.

TAFEL 9

Details in natürlicher Größe
zu der Fig. 1
finden Sie auf
dem Modellbogen N° 3.

Fig.4.

Bücherschrank.

Fig.6.

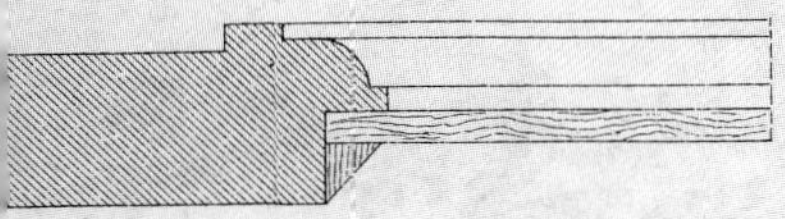

Fig.8.

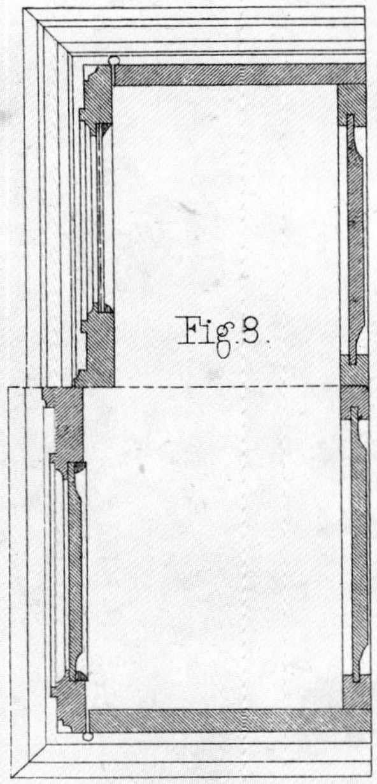

Fig.5.

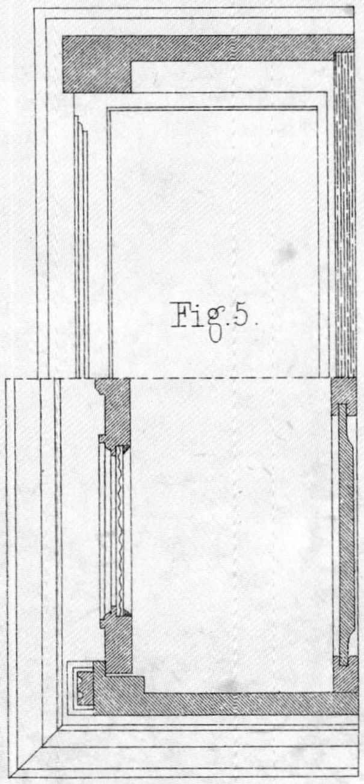

Fig.7.

Glasschrank.

Fig.9.

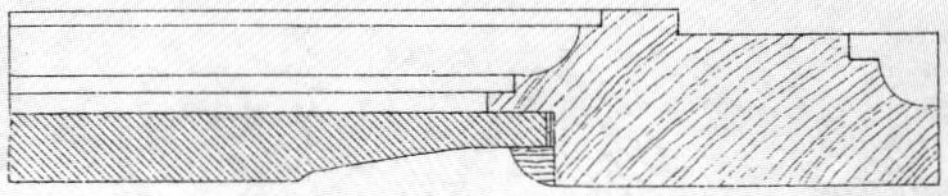

TAFEL 10

Fig. 1.

Details in natürlicher Größe
zu den Fig. 1, 4 und 7
finden Sie auf
dem Modellbogen N° 3.

Fig. 7.

Fig. 6.

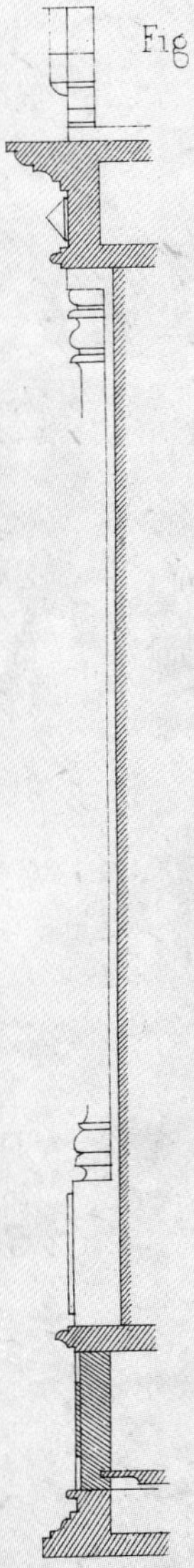

Fig. 4.

Tresorschrank.

Doppel-Chiffoniere.

Fig. 8.

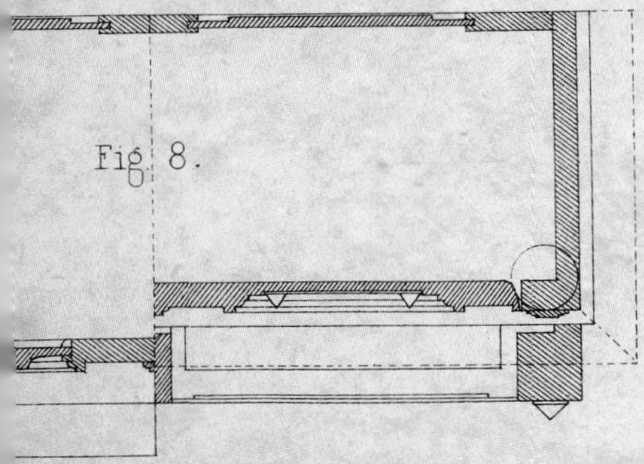

Fig. 5.

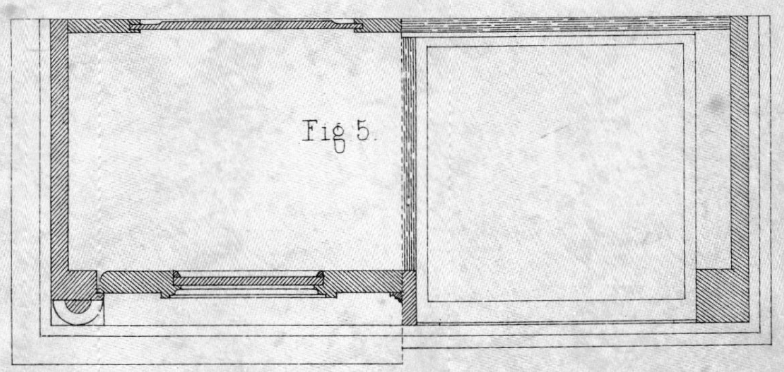

TAFEL 11

Fünf Gegenstände, zwei Vertikow, Sofa, Wandschrank und Schemel sind auf dieser Tafel zusammengestellt.

Fig. 1 ein Vertikow mit zwei Thüren und Schubkasten, Etagereaufsatz und Nische unter den Thüren. Die Breite ist 89, die Höhe 129 cm, die Tiefe 31 cm. Der Aufsatz 38 cm hoch. Die bekrönende Verzierung ist 17 cm hoch, hat zu beiden Seiten der Mittelpartie gedrehte Rosetten; Viertelstab mit Plättchen bekrönen das Mittelstück. Der Rahmen der Rückwand ist $6^{1}/_{2}$ cm breit mit angekehltem Stab und Platte. Der Fries mit Gesims ist 11 cm hoch und hat letzteres 6 cm Ausladung.

Die Füße mit Sockel sind 12 cm und die Nische 21 cm hoch, der Rückwandrahmen 6 cm breit. Die Lisenen sind 8 cm breit, oben mit zusammengesetzter Konsole, unten mit Sockel und auf der Mitte mit einer Rosette geziert, 2 cm breite Platten mit daneben eingestoßenen schmalen Hohlkehlen vervollständigen die Zierde. Die Thüren sind 35 cm breit, die Rahmen 10 cm, wovon 3 cm auf den Kehlstoß kommen. Die Säulen oben wie unten werden in der Breite der Lisenen zugerichtet, und was darüber steht an den betreffenden Stellen besonders aufgeleimt. Die Füße sind $11^{1}/_{2}$ cm im Durchmesser.

Fig. 2 Grundriß von Schubkasten und Oberteil, rechts Schnitt durch die Thür und hinten die Rückwand der Nische im Durchschnitt.

a gibt die obere Stelle der Lisenen von der Seite, b in größerem Maß den Durchschnitt mit der Füllung und Kehlstoß der Thüren.

Fig. 3 ein zweites Vertikow, mit derselben Einteilung des vorigen, jedoch ohne Nische und im Aufsatz mit einem 7 cm hohen Schubkasten, mit Sockel und Platte $10^{1}/_{2}$ cm hoch. Der Schubkasten über den Thüren ist $12^{1}/_{2}$ cm hoch, die Lisenen 8 cm breit und die Schlagleiste 3 cm. Die Seitenrahmen der Thüren sind mit Kehlstoß 11 cm, letzterer 3 cm breit. Die obern und untern Rahmenstücken sind 15 cm breit. Die Kehlstöße liegen 11 mm höher und die Einfassung ringsum ist 6 mm stark. Die Füße sind 8 cm hoch und 11 cm im Durchmesser. Die Thüren treten gegen den Schubkasten $3^{1}/_{2}$ cm zurück. Die Lisenen sind mit Doppelung geziert, welche mit Hohlkehle und Plättchen angekehlt, $4^{1}/_{2}$ cm breit und $1^{1}/_{2}$ cm stark ist, darüber eine ausgefugte Verzierung und $2^{1}/_{2}$ cm starker Kopf mit Spitzquader. Der Lisenenteil des Schubkastens ist mit Hohlkehlen und geriefetem Stab geziert. Das Schlüsselschild des Kastens ist ausgesägt und in der Mitte mit gedrehter Rosette versehen. Das Gesims ist $7^{1}/_{2}$ cm hoch und hat 7 cm Ausladung. Die Säulen des Aufsatzes sind vierkantig. Der Aufsatz ist 17 cm hoch und mit Rosette und Tropfen auf dem 5 mm tiefen Mittelfeld verziert. Die Urnen an den Seiten sind 11 cm hoch und 7 cm stark. Rechts ist die Seitenansicht der Lisenen gegeben.

Fig. 4 der Grundriß; links Schubkasten und Aufsatz, rechts die Thür durchschnitten. b Profil mit Kehlstoß und Einfassung der Thüren vierfach vergrößert.

Fig. 5 Zeichnung eines Sofas, dasselbe ist in der Zarge 174 cm lang und 65 cm tief, die Höhe bis zum Polsterfalz beträgt 33 cm, die Zarge ist 13 cm hoch, oben mit Viertelstab und Hohlkehle, unten mit Hohlkehle und Platte versehen. Die Seitenteile sind 38 cm hoch, 14 cm im Durchmesser der Rosette, nach unten 10 cm breit, in der Mitte auf vertieftem Feld mit einer Spitzfüllung versehen und an den Kanten abgefast. Die gedrehte und geschnitzte Rosette soll 3 cm stark sein. Die Füße sind 20 cm hoch und haben 16 cm Durchmesser bei dem Wulst.

Die Rücklehne ist bloß um 6 cm schmäler als die Vorderzarge. Die aufrechten Seiten sind $8^{1}/_{2}$ cm breit mit vertiefter Füllung und dreikantiger Leiste darauf, oben hängt ein gedrehter halber Tropfen herab. Der obere Fries ist 11 cm breit, oben mit Viertelstab und Hohlkehle, unten mit Stäbchen und zwei Plättchen versehen, dazwischen liegen 9 gedrehte Knöpfchen als Zierde. Urnen bekrönen die Pilaster, und die Mitte der Rücklehne ziert ein ausgesägter Aufsatz mit halber eingelassener Rosette in der Mitte.

Die Höhe der Rücklehne von der oberen Kante der Zarge beträgt 93 cm. Die Polsterfalze sind zugegeben, die Maße betreffen bloß die sichtbaren Teile.

Fig. 6 ein Schemel mit gedrehten Füßen und ausgeschweiftem Kreuzsteg und tief ausgeschweiften 15 cm breiten Zargenteilen. Der Sitz ist 34 cm im Geviert. Die Füße $4^{1}/_{2}$ cm stark, an den Wulst durch Aufleimen $7^{1}/_{2}$ cm. Auf den Zargenteilen liegen glatte Rosetten von $4^{1}/_{2}$ cm Durchmesser, und auf dem Steg ist eine $6^{1}/_{2}$ cm hohe, $4^{1}/_{2}$ cm starke Urne.

Fig. 7 der Grundriß hierzu.

Fig. 8 und 9 ein Wandschrank in Vorder- und Seitenansicht, derselbe ist 69 cm breit und 25 cm tief, die Höhe ohne Sockel und Aufsatz 52 cm. Die Lisenen sind $6^{1}/_{2}$ cm breit, der Gesimsfries $12^{1}/_{2}$ cm hoch. Das Gesims ist $6^{1}/_{2}$ cm hoch und hat 8 cm Ausladung. Pilaster zieren die Lisenen und oben wie unten schließen dieselben mit gedrehten Urnen und Tropfen ab.

Die Thürenrahmen sind reichlich 6 cm breit mit der Kehlung, welche aus Stab, Platte und Hohlkehle besteht. Aufsatz und Sockelstück sind ausgeschweift und mit Knöpfchen verziert. Spitzquader sind an den Seiten des Sockels angebracht.

TAFEL 12

Sechs verschiedene Stühle und fünf Nähtische kommen hier zur Erläuterung, zu den Stühlen werden die Grundrisse durch die Angabe der Maße und Verhältnisse ersetzt.

Fig. 1, 2 und 3 sind Polsterstühle und haben auch solche Rücklehnen. Fig. 1 ist vorn 42 cm breit, die Rücklehne 33 cm, die Tiefe 43 cm. Die Höhe bis zum Polster ist 37 cm, die Höhe der Rücklehne von da ab 52 cm und kann auf diese Höhe 7 cm oben zurückliegen. Das Sitzpolster ist zu 9 cm an der Kante mit Polsterfalz angenommen.

Fig. 2 ist vorn 45 cm breit, die Rücklehne 34 cm und tief 43 cm, welche Tiefe für alle angeführten Stühle gilt, die Rücklehne ist 55 cm hoch von der Zarge ab, in der Mitte 92 cm vom Boden an. Die Zarge ohne Falz ist 5 cm hoch.

Fig. 3 ist vorn 46 cm breit. Die Rücklehne beim Sitz 35 cm breit, oben 4 cm breiter, und vom Boden ab 89 cm hoch, die Zarge ist auch 5 cm hoch und alle drei Stühle haben gedrehte Vorderfüße von verschiedener Stärke, welche stellenweis durch Aufleimen noch zu erhöhen ist, wie besonders bei Fig. 3.

Fig. 4, 5 und 6 sind Rohrstühle, Fig. 5 und 6 auch mit Rohrlehne, die Sitzhöhe ist im Durchschnitt zu 46 cm angenommen, über 47 cm soll dieselbe bei Rohrstühlen nicht steigen. Die Breite bei Fig. 4 und 5 ist vorn 45 cm, hinten 35 cm. Fig. 5 zeigt darin ein kleineres Verhältnis. Die Rücklehne bei letztern ist vom Sitz ab 42 cm hoch, bei Fig. 4 aber 52 cm und bei Fig. 5 49 cm. Die Stärke der Vorderfüße variiert zwischen 4 und 5 cm, die Stärke der Rückstücken hat bei allen sechs Stühlen 3 cm, bei den Polsterstühlen ist der Falz noch zuzugeben oder besonders anzubringen, welches aber nur für Polsterstühle gelten darf.

Fig. 4 hat unten zwischen den Füßen einen Steg wie rechts unten in Fig. 4a aufgezeichnet ist, 32 mm breite und 12 mm starke Leisten über Kreuz zusammengeplattet und in die Füße verzapft.

Fig. 7 ein Nähtisch mit gedrehten Füßen, welche unten durch 4 cm breite Leisten verbunden sind, welche wieder durch ein $6^1/_2$ cm breites Fußbrett verbunden und dadurch den stellenweis zarten Füßen mehr Stand geben. Die Größe der Tischplatte ist 57 cm lang und 50 cm breit. Die ganze Höhe der Zarge mit der Platte ist $16^1/_2$ cm, die Schubkasten sind sehr flach und bloß, weil der Tisch auf Verlangen ausgeführt wurde, so niedrig gemacht. Unter 7 cm Höhe soll man für gewöhnlich die Schubkasten nicht machen wo zwei solche angenommen werden.

Fig. 8 der Grundriß hierzu.

Fig. 9 Nähtisch mit Säulenfuß, welcher einen gedrehten Verbindungssteg hat, die Zarge ist 9 cm hoch. Die Platte ist 52 cm tief und 60 cm lang, es ist dieses für Nähtische ein großes Verhältnis. Die beliebteste Größe ist 50—54 cm Länge und 41—43 cm Breite, die Höhe des Tisches soll nie über 77 cm betragen.

Fig. 10 der Grundriß zur Hälfte gegeben.

Fig. 11 Nähtisch mit vier Säulen und 19 cm hohen, 5 cm starken Füßen, die Breite der Platte ist 48 cm, die Länge 50 cm, die Zarge ist $9^1/_2$ cm hoch und die Säulen sind 6 cm stark zuzurichten. Die Füße sind durch einen 4 cm breiten, $2^1/_2$ cm starken an den Kanten angekehlten Steg verbunden. Der Schubkasten tritt vor den Laufboden, welches auch für Fig. 9 angenommen wurde.

Fig. 12 der Grundriß.

Fig. 13 Nähtisch mit Säule und drei Füßen, welche 22 cm lang, 23 cm hoch und 3 cm stark sind, die Schubkasten sind 6 cm hoch, die Platte ist 56 cm lang und 50 cm breit.

Fig. 14 der Grundriß.

Fig. 15 ist die Ansicht einer in der ganzen Höhe bis unter die Zarge ausgeschweiften $3^1/_2$ cm starken Seite eines Nähtisches, welcher in Fig. 16 in halber Vorderansicht angeführt ist, diese beiden Seiten sind durch eine 5 cm breite und 4 cm hohe Leiste, welche eingezapft ist, verbunden, eine Platte von 17 cm Breite liegt zwischen den Säulen auf dieser Leiste, und sind außen mit einer 2 cm vortretenden Leiste, welche die gleiche Kehlung zeigt, die durchgehenden Zapfen der Platte verdeckt. Die Tischplatte ist 57 cm lang und 48 cm breit.

Fig. 17 Platte und Zarge im Grundriß. Bemerkt wird noch besonders, daß das unter Fig. 9 als beliebt bezeichnete Verhältnis für Nähtische als Normalmaß zu betrachten ist, diese hier angeführten Nähtische sind vorhandenen Mustern entnommen worden, wie überhaupt alle Gegenstände auf dieser Tafel ohne Ausnahme zur Ausführung gelangt sind.

TAFEL 11

Details in natürlicher Größe
zu den Fig. 1, 3 und 5
finden Sie auf
dem Modellbogen N° 4.

Fig. 8.

andschrank.

Fig. 9.

Fig. 3

Vertiko.

Fig. 5.

Sopha.

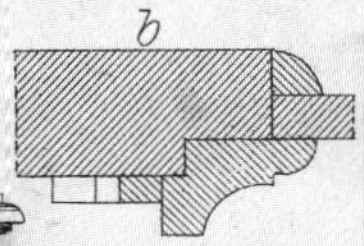

Fig. 4.

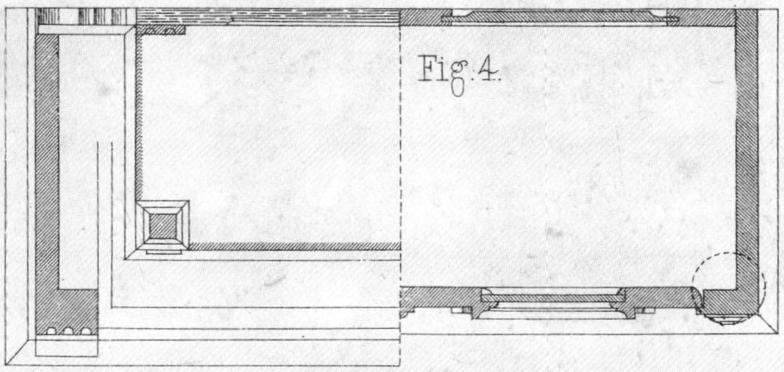

TAFEL 12

Stühle und Nähtische

Details in natürlicher Größe
zu den Fig. 2, 4 und 13
finden Sie auf
dem Modellbogen N° 4.

Fig. 5

Fig. 3

Fig. 6

Fig. 13

Fig. 16.

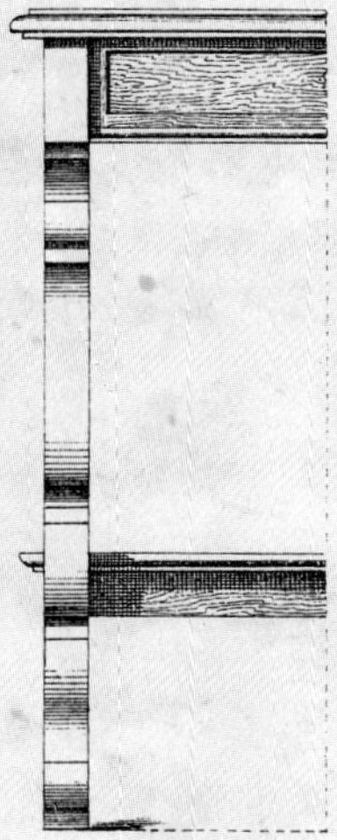

Fig. 15

Fig. 14

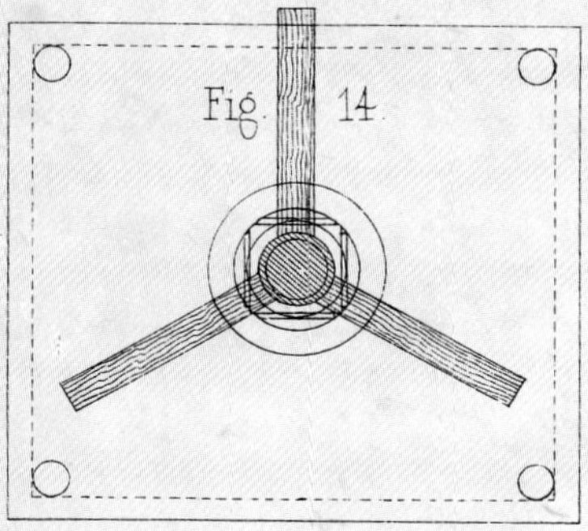

Fig. 17.

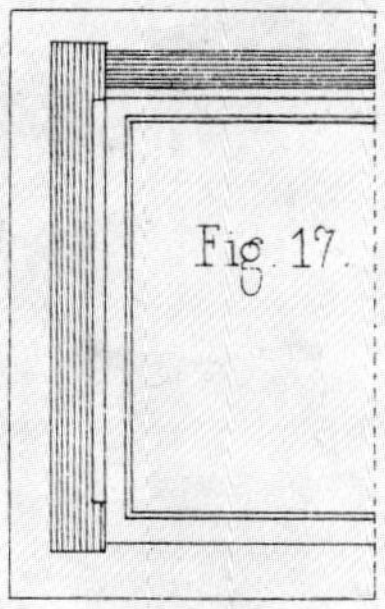

Fig. 4 a

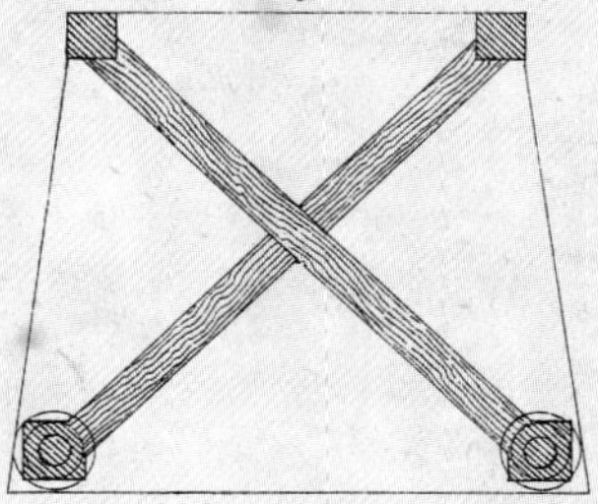

TAFEL 13

Vertikow, Schreibtisch, Sofa und Spiegel sind die hier gebotenen Möbel, zu beiden erstgenannten auch die Grundrisse gegeben.

Fig. 1 ist ein auf die einfachste Weise ausgeführtes Vertikow mit zwei Thüren und einem 13 cm hohen Schubkasten darüber. Die Breite ist 89 cm, die Höhe 127 und die Tiefe bei den Thüren 37 cm, der Schubkasten springt 3 cm vor. Die ganze Höhe des Aufsatzes beträgt 50 cm, der Boden ist von der Platte 30 cm hoch. Die Füße sind 8 cm hoch und haben 9 cm Durchmesser, der Sockel ist 6 cm und die Lisenen sind $6^1/_2$ cm breit, unten und oben mit angekehltem $2^1/_2$ cm starkem Vorsprung und einer reichlich 4 cm breiten, 8 mm dicken an den Kanten gekehlten Doppelung verziert. Die Schlagleiste ist 4 cm breit und trägt eine 13 mm breite, 1 cm hoche Spitzleiste als Zierde. Die Thürrahmen sind mit Kehlstoß 9 cm breit, der Kehlstoß für sich $3^1/_2$ cm.

Der Aufsatz besteht in dem Hauptteil aus der Rückwand mit Füllung, der Rahmen ist mit dem Kehlstoß $6^1/_2$ cm breit, die Lisenen daneben sind $5^1/_2$ cm breit, welches auch die Stärke der Säulen ist, bloß der Viertelstab unten steht je $^1/_2$ cm über. Die ausgeschweiften Backen, welche den Abschluß an den Seiten bilden, sind 13 cm breit. Der bekrönende Aufsatz ist 21 cm hoch und trägt auf der Mitte eine Verdoppelung, darüber ein Gesims von 12 mm Breite und darauf steht der kleine Aufsatz als Schluß. Nebenan ist das Profil der Lisenen gegeben.

Fig. 2 ist der Grundriß, links von unten, rechts von oben gegeben.

Fig. 3 zeigt in vergrößertem Maß die Partie bei der Lisene oben im Seitendurchschnitt.

Fig. 4 ein Damenschreibtisch mit gedrehten Füßen und Steg dazwischen und einem Aufsatz mit zweithürigen 44 cm hohen Schrank nebst zwei Schubkasten an den Seiten. Die Tischplatte ist 106 cm lang und 70 cm breit. Die Zarge mit der Platte ist 17 cm hoch, der Schubkasten ist mit einer Hohlkehle eingefaßt. Der Steg steht 17 cm vom Boden hoch, die schräg liegenden Seitenteile sind 5 cm breit, das Mittelstück aber 6 cm. Die Füße werden 7 cm stark zugerichtet und an den betreffenden Stellen durch Aufleimen verstärkt.

Die Nische unter dem Aufsatz ist 13 cm hoch, die Seitenteile mit dem Schubkasten sind reichlich 13 cm und der Schrank, wie schon erwähnt 44 cm hoch. Der bekrönende Aufsatz ist 17 cm hoch und analog des Aufsatzes an dem Vertikow. Die Rahmen der Thüren sind 6 cm breit, die Lisenen $4^1/_2$, und der Gesimsfries 6 cm. Der Schrank ist 29 cm tief.

Fig. 5 der Grundriß zeigt links die Zarge mit Schubkasten und Steg, rechts den Aufsatz in den Verhältnissen.

Fig. 6 bringt ein Sofa zur Ansicht im Bau ähnlich wie dasjenige auf Tafel 12. Die Höhe bis an das Polster ist 30 cm, die Armlehnen sind von der Zarge ab 32 cm, die Rücklehne von da ab 66 cm hoch, die Zarge ist $9^1/_2$ cm hoch und die Armlehnen 8 cm breit, der obere Rosettenteil hat 13 cm Durchmesser. Die Seiten der Rücklehne sind so breit wie die Armlehnen, der Fries oben ist $13^1/_2$ cm hoch, und der Aufsatz in der Mitte $13^1/_2$ cm.

Die Verzierung besteht für alle vier Gegenstände aus Verdoppelungen, an den Seiten und Lisenen kräftiger und mit Kehlstoß versehen, die Zargen- und Rahmenteile an Sofa und Spiegel hingegen sind bloß mit 4 bis 5 mm gradkantigen Platten belegt und Spitzquader dazwischen eingefügt.

Die Sofafüße sind 10 cm stark, die bekrönenden Urnen 8 cm und haben 13 cm Höhe. Die Tiefe der Zarge ist 64 bis 66 cm. Die Maße für alle Teile sind ohne Polsterfalz zu verstehen.

Fig. 7. Ein Sofaspiegel; das Glas ist im Lichten 38 cm hoch und 79 cm lang, die Seitenrahmen sind 8 cm breit, der untere mit der gekehlten Sockelleiste 10 cm und der obere Rahmenteil $10^1/_2$ cm hoch. Das Gesims aus Karnies und Plättchen gebildet, ist $3^1/_2$ cm hoch und ladet 4 cm aus. Die Kehlung des Rahmens ist in Fig. 8 in vergrößertem Maß gegeben. Der Aufsatz ist 15 cm hoch und 56 cm lang und in allen übereinstimmend mit Vertikow, Schreibtisch und Sofaaufsatz.

TAFEL 14

enhält vier Stühle und fünf Tische ganz verschiedener Art und Konstruktion, und beginnt die Erläuterung mit den Tischen.

Fig. 1. Seitenansicht eines 78 cm breiten und 115 cm langen Tisches, derselbe besteht in der Zusammenstellung aus drei Teilen, aus dem 17 cm hohen Fuß, der mit der Platte 11 cm hohen Zarge, und dem $3^3/_4$ cm starken ausgeschweiften Mittelteil, der Fuß ist $4^3/_4$ cm stark und die Füße sind durch zwei 8 cm hohe und 4 cm starke oben gekehlte Leisten mittels durchgehender Zapfen verbunden. Da dieser Tisch in gestrichener eichenartigen Ausführung gedacht ist, so sind die Zapfen nicht äußerlich wahrnehmbar.

Fig. 2 gibt nicht ganz zur Hälfte den Grundriß an. Die Verbindungsleisten wie in der Ansicht übereinstimmend mit a bezeichnet.

Fig. 3 ein Bauerntisch, dessen Platte 115 cm lang und 80 cm breit ist. Da die Platte sehr viel überspringt, so kommen zwei Leisten, in der Langseite der Zarge eingelassen, zur Anwendung, welche 11 cm vorstehen und der Platte als Stützen dienen sollen, die punktierte Linie deutet diese Leisten links an, und die senkrechte bestimmt die halbe Breite des Tisches. Statt in der Zarge einzulassen, können die Stützleisten auch außerhalb angebracht werden, also vor die Füße auf die Zarge geschraubt, oder können in noch einem andern Falle in die Füße eingestemmt sozusagen als Konsolen gelten, doch dann um mindestens 2 cm breiter. Die Tischplatte ist durch Nuteklötzchen auf die Zarge befestigt um das Reißen derselben zu verhüten. Die Füße sind reichlich 5 cm stark hier angenommen, doch bei starkem Gebrauch, ratsam bis 6 cm stark zu machen.

Fig. 4. Die Längsansicht eines viersäuligen Tisches, dessen Platte 100 cm lang und 65 cm breit ist, und zu welchem die Ansicht der schmalen Seiten in Fig. 5 aufgezeichnet erscheint. Die Füße, welche mit der Platte 26 cm hoch sind, haben wegen der Säulenbasis die Stärke von 6 cm, ebenso auch die Konsolen unter der Zarge, letztere mit der Platte ist 10 cm hoch. Zu beiden Seiten sind unter der Zarge noch $3^1/_2$ cm breite Leisten angebracht, welche 2 cm zurückgestellt sind. Die Platte steht 6 cm über und die Stärke der Säulen beträgt an der Wulst 12 cm.

Fig. 6 bringt die Ansicht eines, in durchaus geschweifter Arbeit auszuführender Tischseite, aus Fuß, Mittelstück und Konsolstück zusammengestellt und 4 bis $4^1/_2$ cm stark. Die Zarge fehlt, die Verbindung besteht oben außer der Platte aus einem 13 cm hohen Mittelstück, an welchen die Hohlkehle fortlaufen kann, die sich in der Ansicht darstellt, unten in einer gleichstarken Leiste, welche in a punktiert angegeben ist und die Verbindung auch an dieser Stelle bewirkt.

Fig. 9 fünfter und letzter Tisch dieser Tafel; ist 110 cm lang und 66 cm breit an der Platte, das Gestell besteht aus den Füßen, welche durch einen Steg verbunden sind und $17^1/_2$ cm Höhe haben, und aus der 9 cm hohen Zarge, welche Teile durch vier 7 cm starke gedrehte Säulen in Verbindung gebracht werden.

Die Platte steht 10 cm über und wird auf den Ecken durch Konsolen gestützt wie in der Zeichnung oben zu sehen ist. Die Stärke der Füße richtet sich nach der Basis der Säulen.

Fig. 10, 11 und 12 sind Zeichnungen von Bauernstühlen mit eingebohrten Füßen, die Sitzhöhe ist 45 cm, die Tiefe des Sitzes 40 cm, die vordere Breite 46 cm und die hintere 30 cm, die unter den Sitz geleimten Leisten werden 6 bis 7 cm breit und 3 cm stark, damit die Füße guten Halt haben. Die Schrägstellung der Füße soll unten immer 6 bis 7 cm weiter sein wie oben. Die Rücklehnen sind mindestens $2^1/_2$ cm stark zu machen, und werden mittels 7 bis 8 cm breiten und in der ganzen Stärke der Lehne bleibenden Zapfen in den Sitz eingesetzt, und hinten wie a im Grund Fig. 13 angibt, oberhalb, und unter dem Sitz an der Vorderkante durch Leisten gestützt, damit beim Anlehnen die Rücklehne widersteht.

Die Rücklehnen solcher Stühle sollen nicht unter 40 cm und nicht über 50 cm hoch sein, und an der breitesten Stelle nicht über 36 cm breit. Die Breite, wo die Lehne in den Sitz tritt, hat kein bestimmtes Maß und Verhältnis und richtet sich ganz nach der Form der Schweifung, auf der Zeichnung sind dafür 24 und 27 cm angenommen.

Fig. 14 gibt die Ansicht eines Polsterstuhles. Die Zarge ist vorn 45 cm breit, hinten $31^1/_2$ cm und 38 cm tief. Die Rücklehne ist von der Zarge ab 45 cm hoch, die 6 cm hohe Zarge ist bloß vorn ausgeschweift, an den Seiten und hinten gerade.

Kopfstück und Zunge sind in Sägearbeit ausgeführt. Die Rückstücken sind 3 cm stark, die Vorderfüße 5 cm. Die Urnen auf den Rückstücken sind extra aufgesetzt.

Fig. 15 ist der Grundriß von der Zarge.

TAFEL 13

Fig. 1.

Vertiko.

Fig. 2.

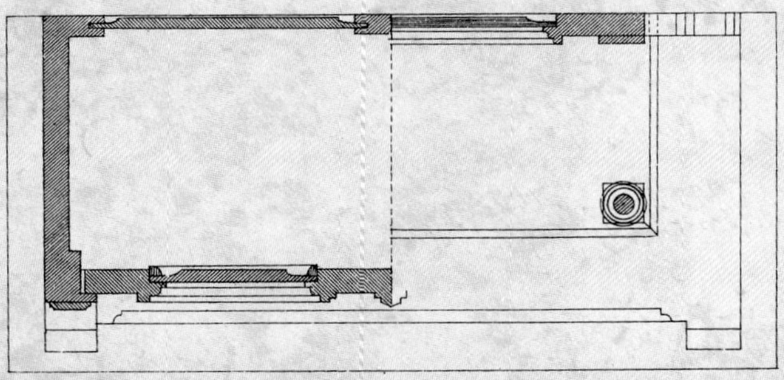

Fig. 3.

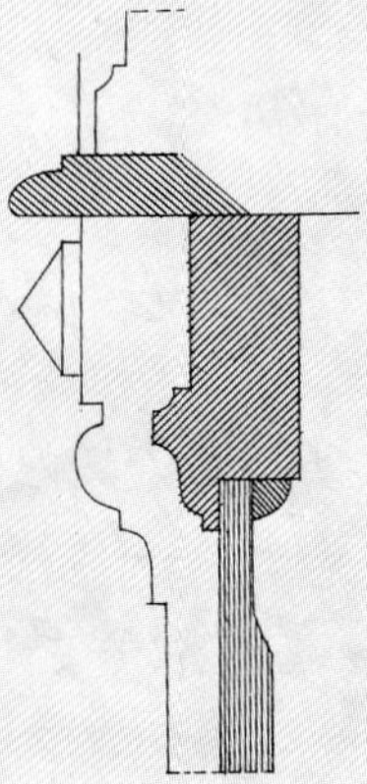

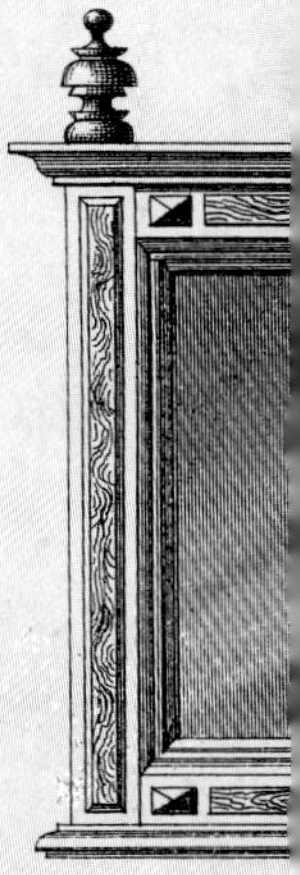

Fig. 6.

Details in natürlicher Größe
zu der Fig. 4
finden Sie auf
dem Modellbogen N° 4.

Fig. 7.

Sophaspiegel.

Fig. 8.

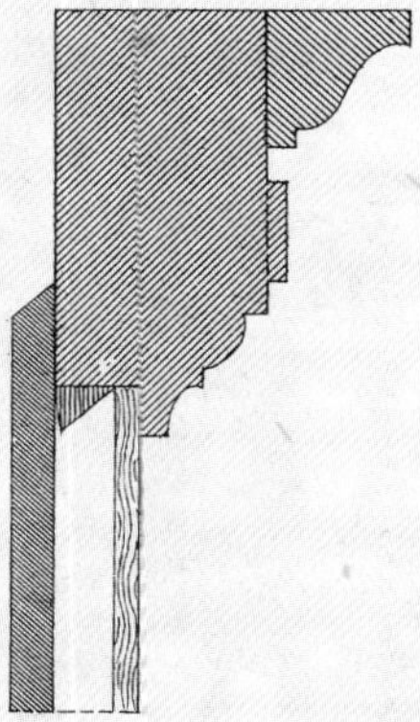

Fig. 4.

Schreibtisch

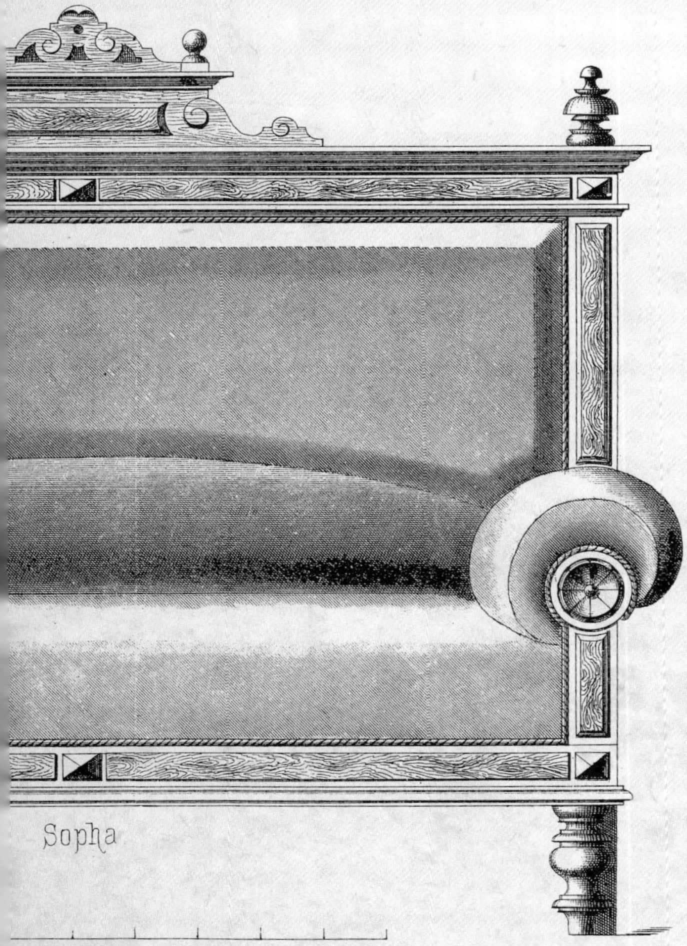

Sopha

Fig. 5.

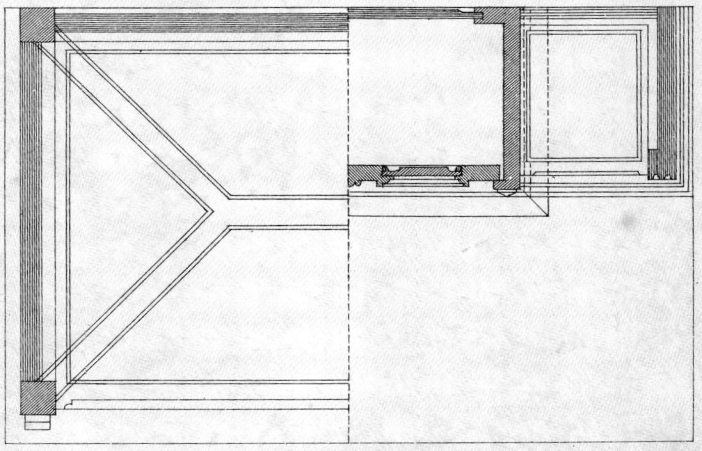

TAFEL 14

Details in natürlicher Größe
zu den Fig. 1, 3, 5 und 6
finden Sie auf
dem Modellbogen N° 5.

1.

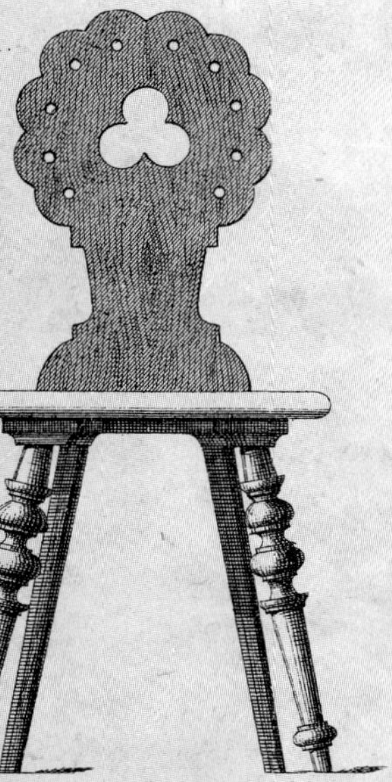

Fig. 3.

Fig. 12.

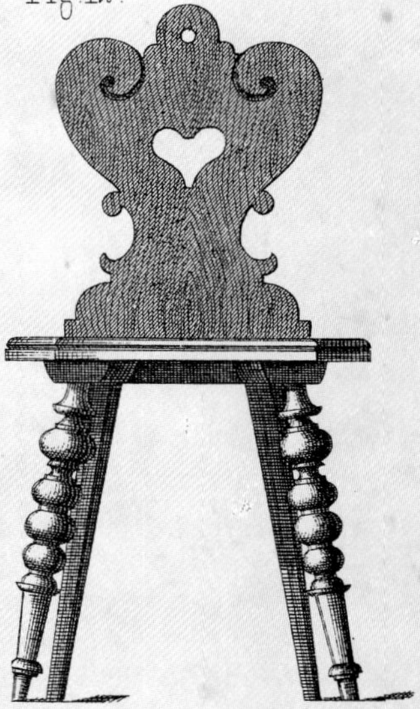

Fig. 4.

Fig. 14.

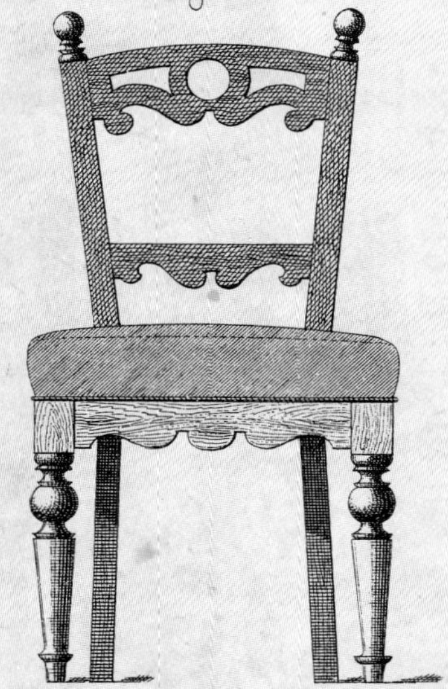

Fig. 8.

Fig. 2.

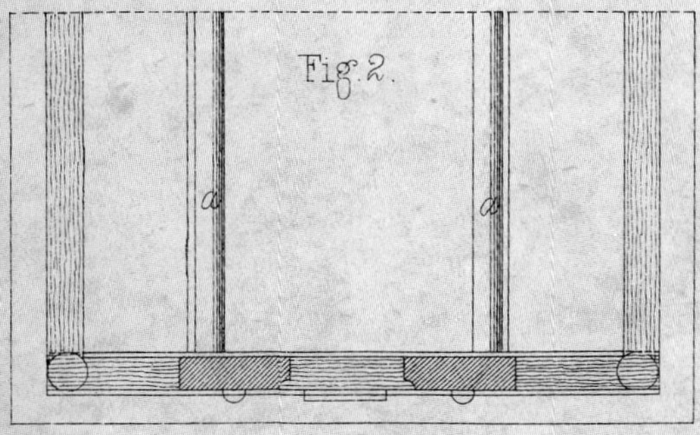

Fig. 15.

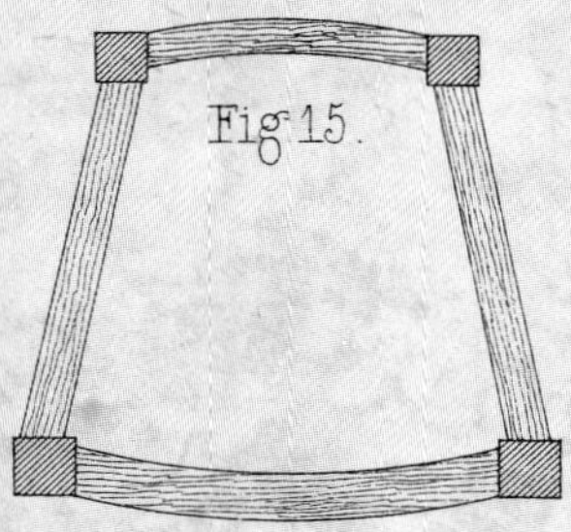

Fig. 9.

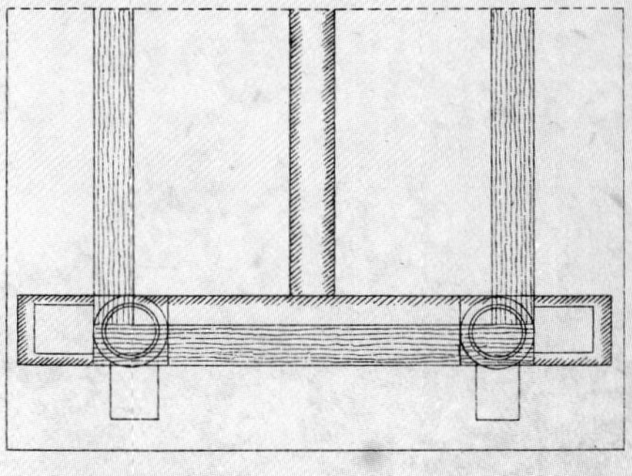

TAFEL 15

bringt in reicherer Anordnung die Gegenstände, welche auf Tafel 13 angeführt worden sind, auch sind dieselben in der Dekoration in Uebereinstimmung gebracht. Das Verhältnis des Vertikow Fig. 1 ist 128 cm Höhe, 42 cm Tiefe und 89 cm Breite. Der Schubkasten ist 14 cm hoch und 4 cm breit verdoppelt, die Lisenen sind $6^1/_2$ cm breit mit drei Hohlkehlen. Spitzquader und Kehlung unten und oben mit einer Karnies geschweiften 5 cm vorspringenden Konsole verziert. Die Klotzfüße sind 7 cm hoch und quadratisch, der Sockel 5 cm hoch. Die Thürenrahmen sind 8 cm, die Kehlstöße daran $3^1/_2$ cm, in den Ecken liegen Spitzquader $3^1/_2$ cm im Durchmesser.

Der Aufsatz ist 28 cm hoch, die Bekrönung $19^1/_2$ cm. Der Rückwandrahmen enthält zwei Füllungen, welche wie die Thüren, in den Ecken der Kehlung Spitzquader enthalten. Die Lisenen daneben sind 5 cm breit und mit drei Hohlkehlen geziert. Der Boden wird durch eine kräftige, ausgeschweifte und auf der Kante einfach verzierte Stütze getragen, welche 4 cm stark ist. Die ausgeschweifte Bekrönung trägt als Zierde eine halbe Rosette, welche auf einer Spitzleiste steht, an den Seiten schließt der Aufsatz mit 11 cm hohen gedrehten Urnen ab. Die Stütze des Bodens ist nebenan in Fig. 3 in der Seitenansicht gegeben, und die Schranklisene von dem obern und untern Ende ebenfalls.

Fig. 4 zeigt den Thürrahmen vergrößert im Durchschnitt.

Fig. 2 ist der Durchschnitt links von unten mit der Thür, und rechts mit Angabe des Schubkastens und Aufsatz.

Fig. 5 ein Damenschreibtisch mit zwei Schubkasten, gedrehten Füßen und Stegverbindung derselben.

Die Zarge mit der Platte ist 98 cm breit, 64 cm tief und 18 cm hoch, die Schubkästen sind 3 cm breit als Fries aufgedoppelt. Der Steg ist 6 cm breit, die Füße werden $6^1/_2$ cm stark zugerichtet und durch Aufleimen an den betreffenden Stellen verstärkt. Die 13 cm hohen Füße unter dem Steg werden mittels durchgehender Zapfen in den obern Fuß befestigt.

Der Aufsatz ist 52 cm hoch und besteht aus zwei je 32 cm breiten Schränkchen, und der 45 cm breiten Nische, welche auf der Mitte der Schränkchen einen Boden als Unterschied enthält, der Aufsatz ist 31 cm tief. Die Rückwand der Nische ist ein 6 cm breiter Rahmen mit Füllung, der obere Rahmen ist auf der Mitte um $3^1/_2$ cm erhöht und an beiden Seiten auf Karnies abgeschweift. Der Boden ist von der Platte ab $12^1/_2$ cm hoch, die Lisenen sind 4 cm breit oben mit einer kleinen Konsole und im Schaft mit drei Hohlkehlen geziert. Die Thürrahmen sind $5^1/_2$ cm breit mit Kehlstoß und in den Ecken liegen kleine Spitzquader. Der Gesimsfries ist 5 cm hoch, und das bekrönende Aufsätzchen 8 cm, dasselbe steht vorn mit dem Fries in einer Linie.

Nebenan rechts sind die Profile und Seitenansicht der Lisenenkonsole und der Nischenseite gegeben.

Fig. 6 der Grundriß, links von unten, rechts von den Schränkchen oben.

Fig. 7 Sofa; dasselbe ist 170 cm lang und 65 cm tief, die Höhe bis an das Polster ist 31 cm, die Füße sind $21^1/_2$ cm hoch und 13 cm dick. Die Zarge ohne Polsterfalz ist $8^1/_2$ cm hoch, die Armlehnen sind $8^1/_2$ cm breit, oben mit einer gedrehten Rosette, darunter mit drei Hohlkehlen geziert, welches auch für die Seitenteile der Rücklehne gilt. Vom Boden sind die Armlehnen 59 cm hoch, von der Zarge ab 30 cm.

Das Oberstück, der Fries mit Gesims ist 11 cm hoch und die Seitenteile $7^1/_2$ cm breit, der schlichte, bloß ausgeschweifte Aufsatz ist 17 cm hoch und 55 cm lang, und sind sämtliche Aufsätze auf Tafel 15, abgesehen von der Größe in Uebereinstimmung gehalten.

Fig. 8 Sofaspiegel, die Lichtweite des Rahmens ist 80 bis 38 cm, der untere Rahmen 10 cm, der obere 11 cm breit, die Kehlung daran 3 cm, die Sockelleiste aus Hohlkehle, Stab und Platte bestehend, ist 3 cm, und das Gesims oben 4 cm breit. Die Seiten sind 7 cm breit und als Pilaster dargestellt, ganz ähnlich wie die Lisenen an den Vertikow und Schreibtisch. Fig. 9 zeigt den Durchschnitt in vierfacher Vergrößerung der obern Rahmenpartie.

TAFEL 16

Fünf Spiegelrahmen und zwei Konsolschränkchen mit den nötigen Grundrissen und Details bilden die Gegenstände dieser Tafel.

Fig. 1 ein Spiegel, dessen Lichtweite 47 cm und die Lichthöhe 117 cm beträgt, verlangt eine Glasgröße inkl. Falz von mindestens 49 cm Breite und 119 cm Höhe. Die Kehlung des Rahmens, aus Hohlkehle, Plättchen und Stab nebst 1 cm breiter äußerster Platte mit kleinen Hohlkehlchen daneben bestehend, ist reichlich 5 cm breit, die ganze Breite der Seitenteile ist 8 1/2 cm, oben wegen der Ausschweifung 12 cm, unten 14 cm, der untere Rahmenteil mit dem Sockelgesims ist 12 cm hoch, und der Aufsatz mit Rahmen 41 cm. Die Füllung über der Kehlung ist 12 cm hoch und die Konsolen zu beiden Seiten sind 6 cm breit und mit drei Hohlkehlen geziert. Die Doppelungen der Füllung und der zwischen dem Bogengesims des Aufsatzes sind 1 cm stark zu halten und mit einer Hohlkehle gesäumt. Das Gesims ist 6 cm hoch und hat 6 1/2 cm Ausladung. Der Halbmesser des Bogens ist 21 cm.

Das Schränkchen ist 75 cm breit, 76 cm hoch und 37 1/2 cm tief bei dem Schubkasten, die Platte steht 3 1/2 cm über. Der Schubkasten ist 11 cm hoch und hat aufgedoppelte Füllungen. Die Lisenen sind 5 cm breit, oben mit kleiner Konsole und darunter mit Verdoppelung geziert, die Schlagleiste ist 4 cm breit und mit Doppelkarnies gekehlt. Die Thürenrahmen sind 8 cm breit, der Kehlstoß daran 3 cm und ist ähnlich in der Kehlung wie der Spiegelrahmen. Die Ausschweifung des Sockels ist an den Seiten ähnlich wie vorn.

Fig. 2 zeigt den Grundriß links von dem Schrank, rechts von dem Spiegelrahmen.

Fig. 3 die Ansicht eines etwas reicher gehaltenen Spiegels und Konsolschränkchens. Das Lichtmaß des Rahmens ist 127 cm hoch und 56 cm breit. Die aufrechten Rahmenteile sind 12 1/2 cm breit, die Pilaster bekommen davon 8 cm, diesen dient zur Zierde oben ein verkröpftes Konsolstück, welches auf einen Quader steht und in einer 39 cm langen, schlanken Dreherei endigt, eine angekehlte Doppelung bildet die weitere Zierde und die Endung auf dem 3 1/2 cm hohen Sockel ist eine 5 mm starke als Ornament ausgesägte Verzierung. Der Gesimsfries ist 12 cm hoch. Das Gesims ist 4 1/2 cm hoch und hat 7 cm Ausladung.

Der Aufsatz besteht in der Hauptsache aus dem als Rahmen gehaltenen 17 cm hohen und 35 cm breiten Mittelstück, wovon sich an den Seiten ausgeschweifte und einfach mit Hohlkehlen gezierte Backen anschließen, welche durch 18 cm hohe gedrehte Urnen einen passenden Abschluß erhalten. Durch den bekrönenden Gesimsbogen erhält der Aufsatz die Höhe von 26 cm.

Der Schrank ist 81 cm breit und 75 cm hoch und ist bei dem Schubkasten gemessen 49 cm tief im Kern. Der Schubkasten ist 11 cm hoch, die Lisenen sind reichlich 6 cm breit und in ähnlicher Weise wie an den Spiegelrahmen ausgestattet. Die Rahmen der Thüren sind 5 cm breit, die Schlagleiste 27 mm. Die Füße sind 8 cm hoch und ebenso stark. Die Sockelplatte ist 4 cm breit.

Fig. 4 der Grundriß links oben von dem Rahmen und rechts von dem Schrank.

Fig. 5 Spiegelrahmen mit Konsole, Glasgröße im Lichten 39 cm breit und 94 cm hoch, im Falz 41,96. Die Seitenrahmen sind 11 cm breit, die Kehlung bekommt davon 3 cm, die Pilaster 5 cm, so daß die ringslaufende Platte 3 cm breit bleibt. Die Pilaster sind oben und unten mit Konsolen und zwischen diesen mit drei Hohlkehlen verziert. Der Aufsatz ist auf der Mitte gemessen 27 cm hoch. Das Gesims ist 4 1/2 cm hoch und hat 7 cm Ausladung.

Die Konsole besteht aus der Platte und Zarge, welche zusammen 6 1/2 cm hoch sind, und den beiden Stützen von je 6 cm Stärke, nebenan ist die Seitenansicht derselben aufgezeichnet.

Fig. 6 ist der Grundriß.

Fig. 7 gibt die Zeichnung eines sehr einfachen Spiegelrahmens, dessen Schmuck aus der kräftigen 5 cm breiten Kehlung, welche den eigentlichen Rahmen bildet, besteht, und durch die einfache Bekrönung und darunter befindliche zugespitzte Doppelung ergänzt wird.

Das Lichtmaß des Rahmens ist 38 cm breit und 83 cm hoch. Die Höhe der Bekrönung mit dem 4 1/2 cm breiten Gesims ist 19 cm.

Fig. 8 Grundriß, links Durchschnitt des Rahmens, rechts von dem Aufsatz.

Fig. 9 zeigt einen Spiegelrahmen mit Säulen. 40 und 87 cm ist das Lichtmaß des Rahmens dessen innere Kehlung bloß 22 mm breit angenommen worden ist. Die Lisenen sind 6 1/2 cm breit und bedingt diese Breite die Stärke der Säulen, welche bloß an drei Stellen durch die Stäbchen überschritten wird. Die Säulen stehen über 3/4 frei. Der Aufsatz ist 21 cm hoch von dem Rahmen ab und ist an den Seiten nach dem Karnies abgeschweift, nach vorn dem entsprechend aber bloß ganz flach karniesartig gekehlt.

Fig. 10 der Grundriß, links Rahmen und Aufsatz, rechts Rahmen und Sockel anführend.

Fig. 3a zeigt den Durchschnitt des Rahmens zu Fig. 3 in vergrößertem Maßstab.

Fig. 5a den Durchschnitt des Rahmens zu Fig. 5 ebenfalls vergrößert.

Fig. 7a den Durchschnitt zu Fig. 7 in derselben Weise vergrößert um die Kehlung und Einzelheiten besser erkennen zu lassen.

TAFEL 15

Fig. 1.

Vertiko.

Fig. 2.

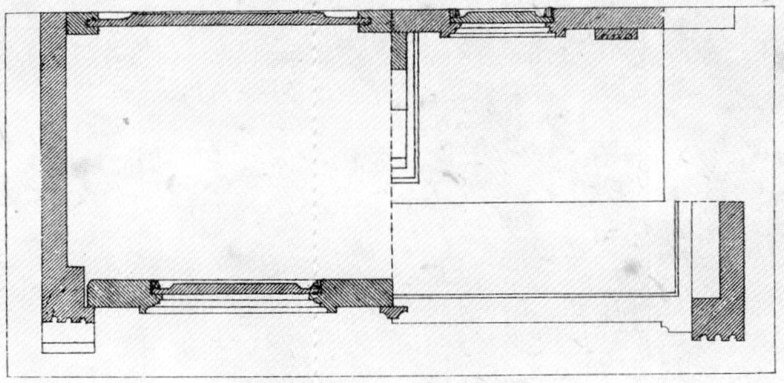

Fig. 3.

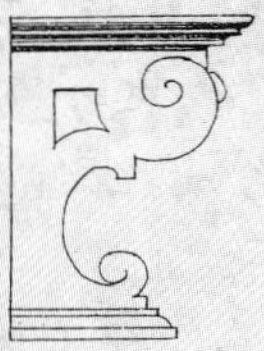

Fig. 4.

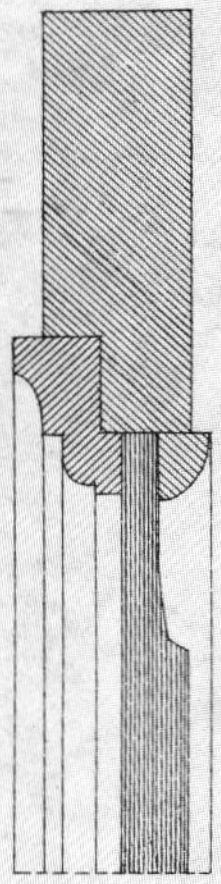

Details in natürlicher Größe
zu den Fig. 1 und 5
finden Sie auf
dem Modellbogen N° 5.

Fig. 8.

Sophaspiegel.

Fig. 9.

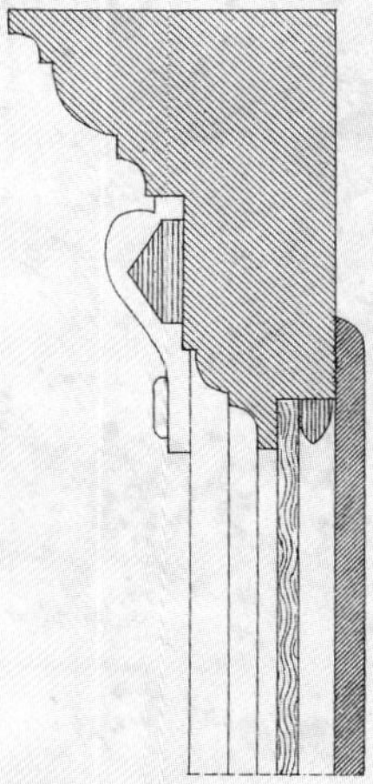

Fig. 5.

Schreibtisch.

Fig. 7

Sopha

Fig. 6.

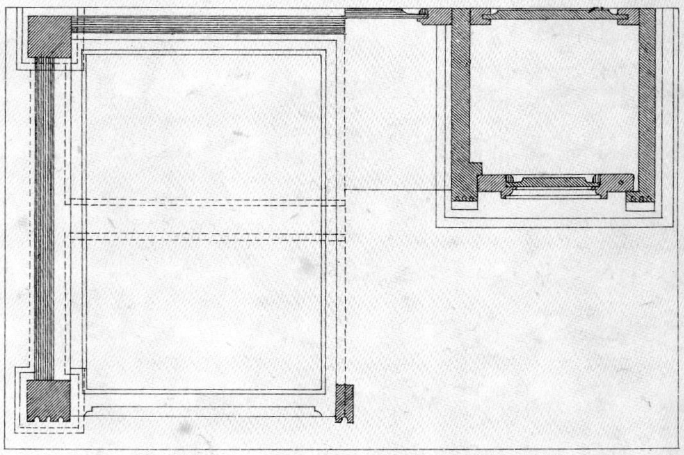

TAFEL 16

Fig. 1.

Spiegel mit Schränkchen

Fig. 5.

Spiegel mit Konsole.

Fig. 2.

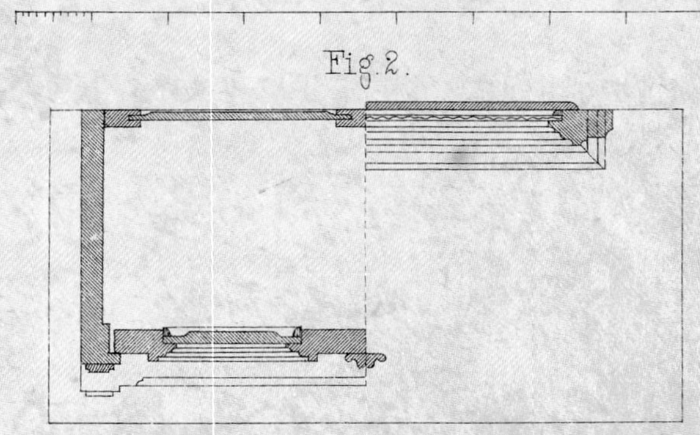

Details in natürlicher Größe
zu den Fig. 5, 7 und 9
finden Sie auf
dem Modellbogen N° 5.

Fig.9.
Fig.7.
Fig.3.
Spiegel mit Säulen.
Fig.10.
piegel.
Fig.8.
Fig.6.
Fig.3a
g.3 a.
Fig.4.
7a.
Spiegel mit Schränkchen

TAFEL 17

Drei Ausziehtische, Etagere, Ofenbank und ein Fußbänkchen sind für diese Tafel gewählt; für die Tische ist besonders ausführlich die Konstruktion und Einrichtung im Grund- und Seitendurchschnitt gegeben für diejenigen, die noch keinen solchen Tisch selbständig ausgeführt haben.

Fig. 1 zeigt einen solchen Tisch mit zwei Säulen und vier Füßen, welche durch einen 5 cm hohen und starken gekehlten Steg verbunden sind. Die Zarge ist 13 cm hoch und 4 cm soll die Stärke derselben betragen. Die beiden Platten sollen mindestens $5^1/_2$ cm stark sein. Dieser Tisch hat zwei Schubkasten. Die punktierten Stellen an den Schubkasten, welche in der Seitenansicht zu sehen sind, bezeichnen die Laufleisten der Schubkasten, diese Leisten sind zu beiden Seiten in die Zargen $1^1/_2$ cm tief einzulassen. Die Füße sind 4 cm stark und etwas verjüngt nach unten, die obere Kante ist gefräst gedacht.

Fig. 2 ist die halbe Längenansicht. Die Säulen werden 9 bis 10 cm stark, und die ausgeschweiften Seitenteile, welche sich an das quadratische Mittelstück anschließen, sind 6 cm stark.

Fig. 3 ist der Grundriß mit weggedachten Platten, die Brücke ist 17 cm breit und geht durch, die Auszugleisten sind versetzt, so daß man bei akkurater Arbeit die Auszüge verwechseln kann, welches früher, wo Ausziehtische als ein Meisterstück allgemein waren, eine der ersten Bedingungen war, welche bei der Meisterprüfung stattfand. a a zeigt die Zäpfchen, welche in den Auszügen eingestemmt sind und genau reguliert werden, damit im ausgezogenen Zustande die Platte und Auszüge genau anschließen, b b gibt die in der Brücke befindlichen Löcher an, in welchen die Zapfen, welche in der Platte festgemacht sind, sich auf und nieder bewegen, die Führung dieser Zapfen soll leicht geschehen und doch so scharf passen, daß die Platte in beiden Fällen sich nicht im geringsten verrücken läßt.

Die Auszüge müssen genau so viel schräg liegen, daß für die Breite derselben, im ausgezogenen Zustand sich diese um die Plattstärke heben und so mit der Platte eine Ebene bilden.

Fig. 4 gibt im Durchschnitt die Lage der Auszüge im geschlossenen Zustand zu erkennen, d die Brücke, c c wie die Säulen mit der Zarge in Verbindung zu bringen sind.

Die Platte ist 76 cm breit und 108 cm lang.

Fig. 5 stellt einen Ausziehtisch dar mit vier gedrehten Füßen, in welche die Zargen eingestemmt sind, die Füße sind $8^1/_2$ cm stark, der Wulst mit Stäbchen aber 11 cm, diese Stelle wird durch Aufleimen zu dieser Stärke gebracht. Konsolen in der Breite der Füße und 3 cm Vorsprung bilden die Zierde der Zarge, diese ist 14 cm hoch. Die Füße stehen auf $10^1/_2$ cm breiten an den Kanten gekehlten Leisten und diese sind wieder durch einen Steg verbunden von derselben Breite.

Die Platte ist 95 cm lang und 83 cm breit, welches Verhältnis überhaupt für kleinere Familien und Zimmer das vorteilhafteste ist. Der Steg liegt von dem Boden 14 cm hoch.

Fig. 6. Hier zeigt sich der Grundriß insofern anders, als einer der Auszüge ausgezogen dargestellt ist, man sieht dabei wie die Zäpfchen genau an der Zarge anstehen und die Lage derselben links im geschlossenen Zustand. Während nun die Brücke bei Fig. 1 als durchgehend angenommen wurde, besteht hier der Unterschied, daß die Brücke bloß $1^1/_2$ cm von der Zarge vorsteht und an der Platte sind Backen angeleimt, welche die Brücke verdecken; hauptsächlich macht man dies gern für bessere Tische, in a a sind diese Backen angedeutet und auch in der Ansicht Fig. 5 zu sehen. Der Auszug ist dargestellt mit 8 cm breiten Rahmen und mit Füllungen, welche über Kreuz furniert sind. Bei Tischen, welche auf Rahmen zusammengearbeitet, ist es vorteilhaft, wenn die Rahmenteile genutet werden, hierein werden vor dem Zusammenleimen Füllungen von weichem Holz, welche in der Nute etwas Spielraum haben, eingesetzt, auf diese Art können die Rahmen dicht zusammen gegeben werden, zuletzt werden die Füllungen 6 bis 8 mm stark beliebig mit Doppelfurnier belegt, eingepaßt und eingeleimt, man erzielt bei diesem Verfahren leicht eine untadelhafte Arbeit, während man, wenn Rahmen und Füllungen auf einmal in Leim gesetzt werden, recht oft ein Resultat erzielt, trotz der sorgfältigsten Vorarbeit, welches nicht ohne Tadel ist.

Fig. 7 bringt nochmals die Ansicht eines Tisches mit vier Füßen jedoch ohne Steg, wie solche gewöhnlich in Gebrauch sind. Die Füße sind in Zargenhöhe 6 mm breit abgefast und $7^1/_2$ cm stark. Die Zarge ist unten abgeschweift, auch die kurzen Seiten ganz ähnlich und aufgedoppelt in der Mitte mit einem Kreis von $10^1/_2$ cm Durchmesser und den Seiten mit schmälern Feldern. Die Doppelungen können 8 mm gemacht werden und erhalten ringsum Hohlkehlen oder einen Stab als Zierde.

Fig. 8 der Grundriß; die Platte ist 112 cm lang und 82 cm breit und deutet in der punktierten Linie die Grundform der Zarge an, während die Einteilung der Platte zweierlei einfache Muster für deren Zusammensetzung anführt.

Fig. 9 Ansicht, Fig. 10 der Grundriß und Fig. 11 der Seitendurchschnitt einer einfachen Wandetagere, für beliebige Gegenstände. Der untere Boden ist 77 cm lang und 20 cm breit, der obere 67 cm lang und 16 cm breit, die Höhe zwischen beiden Böden ist 25 cm. Die Rückwand besteht aus den beiden etwas stärkern aufrechten Seiten, mit starker Ausschweifung und dem mittlern Teil mit ovaler Füllung, der aufgelegte ovale Kehlstoß gibt zugleich den Falz für die Füllung. Der Aufsatz ist 10 cm hoch, der Teil unter dem Boden 7 cm. Die Säulchen sind reichlich 3 cm an den stärksten Stellen, die Konsolen unter dem Boden sind 2 cm stark und an der Kante gefräst.

Fig. 12 eine Ofenbank; das Sitzbrett ist 78 cm lang und 28 cm breit, die 3 cm starken, oben 22 cm, unten 28 cm breiten ausgeschweiften Seiten können entweder in den Sitz, in drei Zapfen verteilt, durchgestemmt oder auch im Grat eingeschoben sein, jedoch muß der Grat auch in Leim gesetzt werden, nach innen sind noch zur Verstärkung des Haltes Leisten angeleimt. Die einfach verzierte Leiste verbindet beide Seiten durch Keilverschluß.

Fig. 14 ein kleines Fußbänkchen, 35 cm lang, 26 cm breit und 16 cm hoch. Die 3 cm starken ausgeschweiften Seiten sind in die Platte in Nute gesetzt und durch ein 3 cm starkes gedrehtes Säulchen verbunden, der durchgehende Zapfen wird durch eine gedrehte Rosette verdeckt. Ofenbank und Fußbank sind in lackierter Ausführung gedacht, wie ja viele Gegenstände in diesem Werk der Billigkeit halber für solche Ausführung sehr geeignet sind, und oft überraschend schön ausfallen, wenn die jetzt so beliebte Manier mit schwarzen oder blauen Linien abzusetzen in Anwendung kommt, auch werden häufig an Füllungen in den Ecken und auf der Mitte Verzierungen durch Schablonen hergestellt, eine gefällige Nachahmung für Imitation.

TAFEL 18

enthält sieben verschiedene Tische nebst den dazu gehörigen Grundrissen.

Fig. 1 ist ein gewöhnlicher viereckiger Tisch mit vier gedrehten Füßen, welche unten durch einen Steg verbunden sind. Die Platte ist 115 cm lang und 79 cm breit. Die Zarge mit Platte ist 14 cm hoch. Die Zargen sind in die Füße eingestemmt, 5 cm starke Konsolen, welche an der größten Ausladung 6 cm breit sind, liegen als Zierde auf den Füßen unter der Platte. Die Füße werden $7^1/_2$ cm stark zugerichtet und auf den Stellen, wo die Form der Dreherei mehr Stärke verlangt, geschieht dies durch besonderes Aufleimen. Der geschweifte und an den Kanten gekehlte Steg ist reichlich 3 cm stark und steht 14 cm hoch von dem Boden. An der Stelle des Steges treten die Füße mit 4 cm starken Zapfen durch, die untern kleinen 11 cm hohen Füße sind mit schwächern Zapfen mit diesen in Verbindung zu bringen.

Fig. 2 gibt den Grundriß zur Hälfte zu erkennen. Schubkasten sind zwar nicht angegeben, doch sind auf Wunsch solche entweder in den langen oder kurzen Seiten der Zarge gut anzubringen.

Fig. 3 ist die Ansicht eines ovalen Tisches mit vier Füßen und einer gedrehten 21 cm starken Säule, der Teil, in welchem die Füße eingesetzt sind, ist rechteckig gearbeitet. Die Platte ist 116 cm lang und 80 cm breit. Die gekehlte Zarge ist 7 cm hoch und muß $5^1/_2$ cm stark gemacht werden. Die Füße können 30 bis 36 cm Ausladung haben, beide Verhältnisse sind für diesen Tisch zulässig, die Stärke kann bis zu 5 cm angenommen werden.

Fig. 4 die Hälfte der Platte im Grundriß mit den Füßen nach dem Verhältnis von 30 cm Ausladung.

Fig. 5 ein kleinerer ovaler Tisch mit zwei Säulen und vier Füßen und gedrehten Steg. Die Platte ist 112 cm lang und 77 cm breit, die Zarge ist $5^1/_2$ bis 6 cm hoch und soll 4 cm stark sein, die Durchschnittstärke der Säulen ist 9 cm, an der stärksten Stelle jedoch 11 cm. Die Stegsäule wird 6 cm stark zugerichtet, und durch Aufleimen für die Mittelpartie auf 7 cm gebracht. Die Ausladung der Füße beträgt 23 cm und $4^1/_2$ cm sollen dieselben an der Säule stark sein, nach vorn 1 cm schwächer.

Fig. 6 der halbe Grundriß der Platte nebst Fuß. Fig. 5a gibt die gestreckte Länge der Füße in der Seitenansicht.

Fig. 7 ein viereckiger Tisch mit vier Füßen und ebenfalls wie Fig. 1 mit Stegverbindung derselben. Die Größe der Platte ist 115 cm Länge und 79 cm Breite. Die Füße sind 9 cm stark und in der Höhe der Zarge mit je drei Hohlkehlen versehen. Der 3 cm starke und $6^1/_2$ cm breite Steg liegt vom Boden 16 cm hoch. Die kleinen Füße sind wie bei Fig. 1 in die obere Teile, welche durch den Steg mittels starker Zapfen gehen, in dieselben eingezapft. Die Zarge mit Platte ist 12 cm hoch. Die kleine Hohlkehle unter der Platte ist extra unterzuleimen um dadurch die Kehlung recht kräftig erscheinen zu lassen.

Fig. 8 $^1/_4$ des Grundrisses.

Fig. 9 zeigt einen Tisch in demselben Verhältnis wie der obenbeschriebene, jedoch mit gekehlter Zarge und vierkantigen Füßen, welche ebenfalls durch einen 6 cm breiten und 3 cm starken Steg verbunden sind. Die Füße sind im Durchschnitt 8 cm ins Geviert stark, nur an der Stelle des Wulststabes 9 cm, welche Stärke an dieser Stelle durch besonderes Aufleimen erreicht wird, denn durchweg diese Stärke anzunehmen wäre Holzverschwendung. Die Zarge mit Platte ist 14 cm hoch, wovon auf den Wulst allein 8 cm kommen. Die Platte ist 25 mm stark und wird durch eine untergeleimte Leiste von 16 mm Stärke und 6 cm Breite auf reichlich 4 cm gebracht, scheinbar die Plattstärke. Der Steg liegt $15^1/_2$ cm von dem Boden hoch.

Fig. 10 zeigt den vierten Teil des Grundrisses, mit Platte, Zarge und Steg. Die Füße sind abgesetzt und innen an der Zarge befestigt, letztere ist auf Gehrung zusammengesetzt, und die Backen besonders angepaßt und aufgeleimt, oder es können dieselben auch eingeschnitten werden, welches weniger Arbeit verursacht und auch praktischer ist.

Fig. 11 ein Tisch mit vollen ausgeschweiften Seitenteilen, der aufrechte Hauptteil besteht aus 4 cm starker Bohle, diese Teile sind durch Nute und Zapfen mit der Fuß- und Zargenleiste verbunden, letztere ist 6 cm breit und an beiden Enden abgeschweift, die Fußleiste ist 14 cm hoch und wie die Zargenleiste 6 cm stark. Die punktierten Stellen bezeichnen die Langseiten der Zargen, welche in die Schmalseiten eingezapft werden. Die Verbindung beider Seitenteile geschieht mittels eines 7 cm hohen und ebenso starken oben und unten angekehlten Stollens mit durchgehenden Zapfen und Keilschluß.

Fig. 12 $^1/_4$ des Grundrisses. Fig. 11a zeigt den Verbindungsstollen in der Seite eingezapft und verkeilt.

Fig. 13 ein Tisch mit vier gedrehten Füßen ohne Stegverbindung derselben, die Durchschnittsstärke der Füße beträgt 7 cm, welche aber oberhalb bis zu 16 cm Höhe 9 cm Durchmesser erhalten muß. Die Zarge mit der Platte mißt 13 cm. Die Platte ist 3 cm stark und ist $3^1/_2$ cm breit angekehlt mit Hohlkehle und Karnies.

Fig. 14, der Grundriß ist ebenfalls bloß in $^1/_4$ der ganzen Größe gegeben.

TAFEL 17

Fig. 9.

Fig. 2.

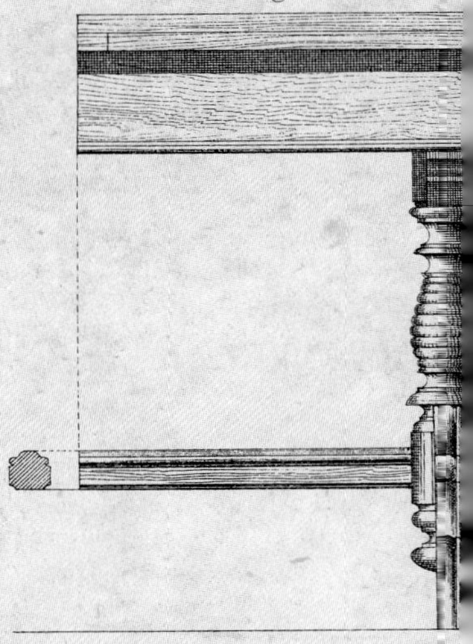

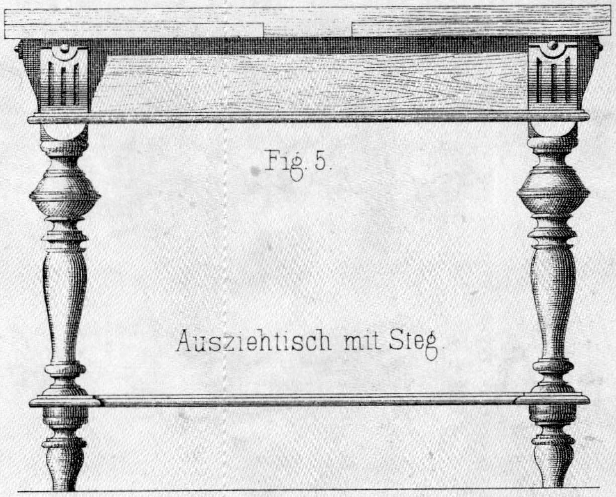

Fig. 6.

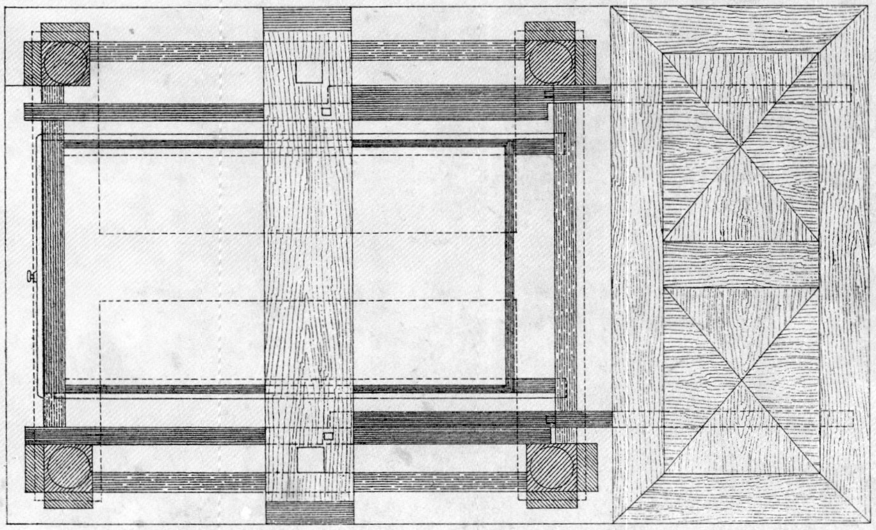

Details in natürlicher Größe
zu den Fig. 5 und 9
finden Sie auf
dem Modellbogen N° 6.

Fig 1.

Ausziehtisch mit Säulenfuss und zwei Schubkasten

Fig. 12. Fig. 13.

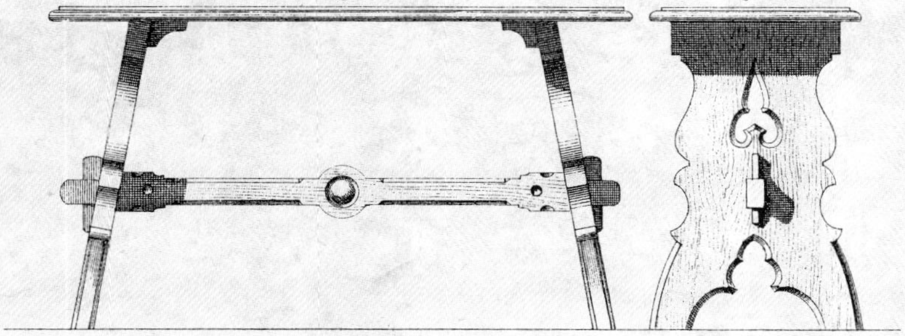

Ofen-Bank.

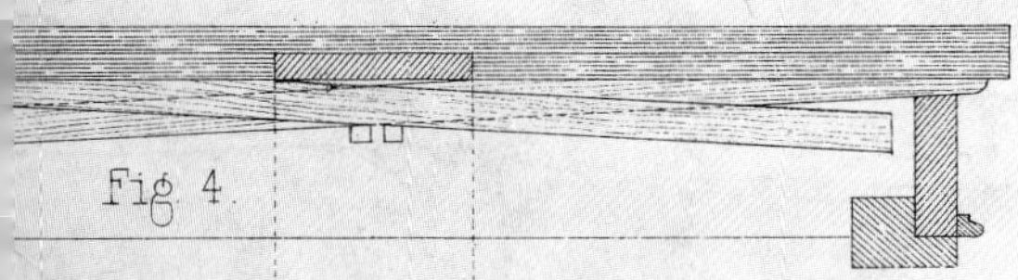

Fig. 4.

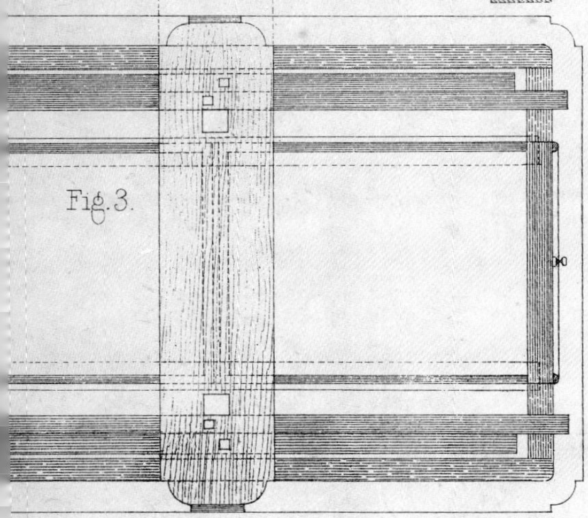

Fig. 3.

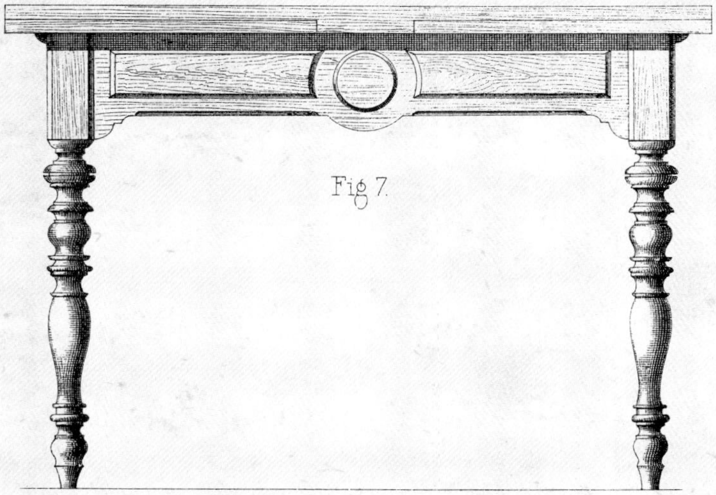

Fig 7.

Ausziehtisch.

Fig. 8.

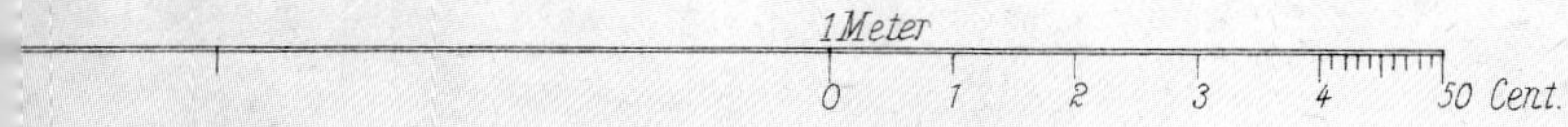

Fussbänkchen.

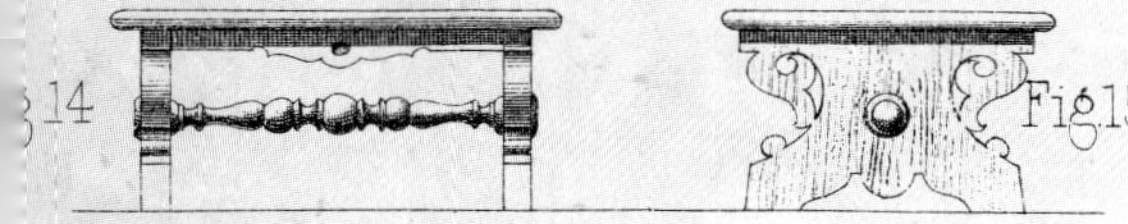

Fig. 14 Fig 15.

TAFEL 18

Fig. 1.

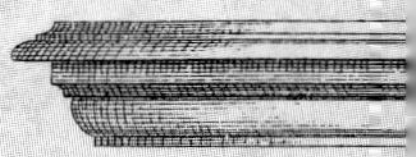

Fig. 3 a.

Fig. 7.

Fig. 9.

Details in natürlicher Größe
zu den Fig. 1, 3, 5, 9 und 11
finden Sie auf
dem Modellbogen N° 6.

Fig. 2.

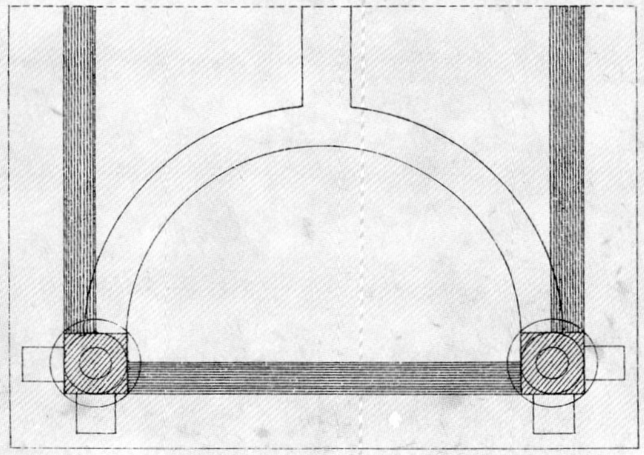

Fig. 10.

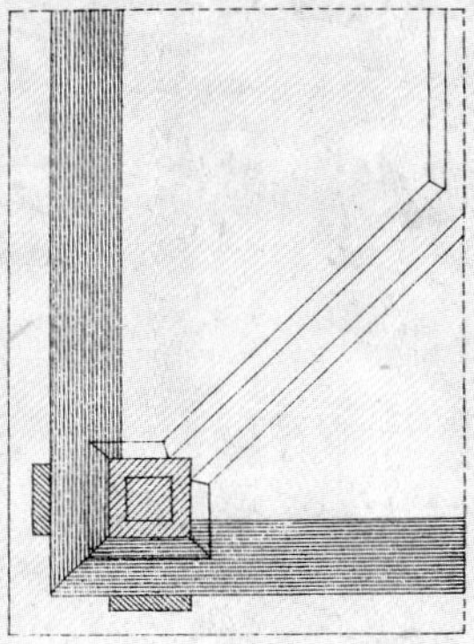

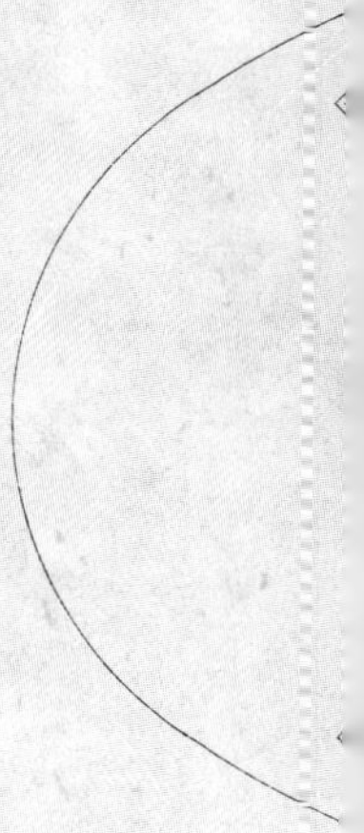

Tische

Fig. 3.

Fig. 5.

Fig. 5 a.

1 Met.

Fig. 11.

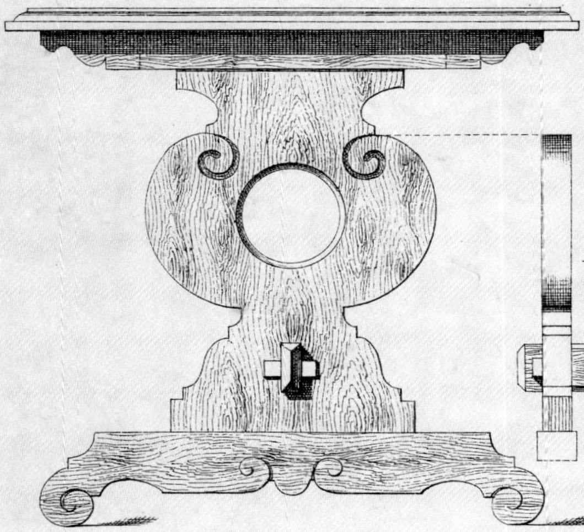

Fig. 11 a.

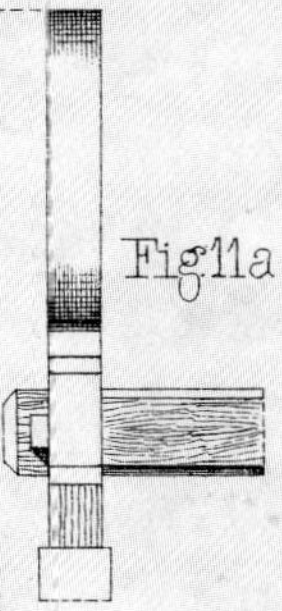

Fig. 13.

4

Fig. 6

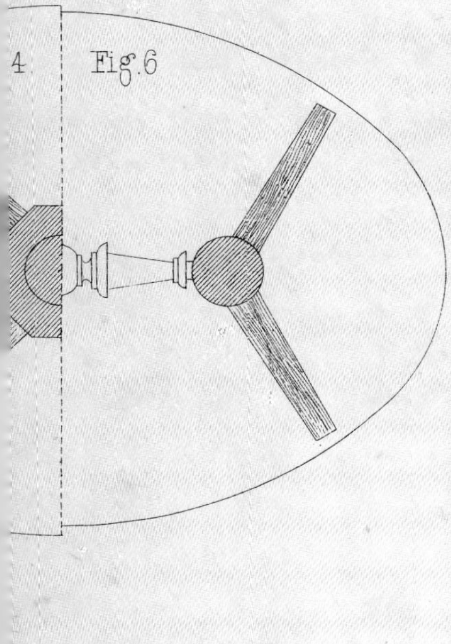

Fig. 12.

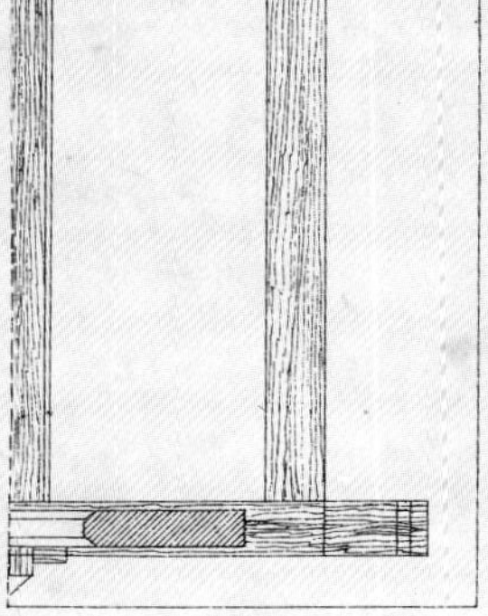

Fig. 8.

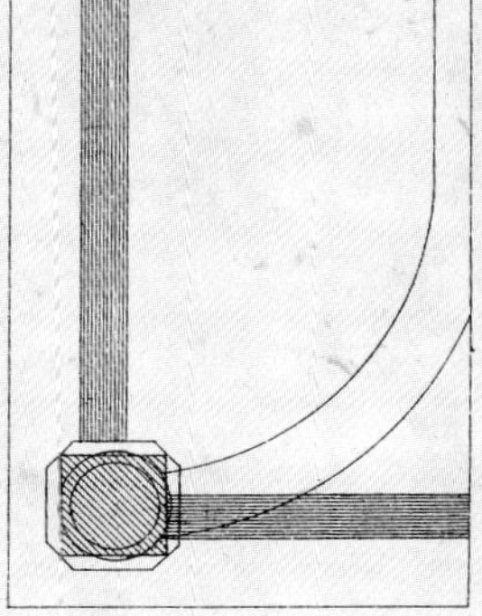

Fig. 14.

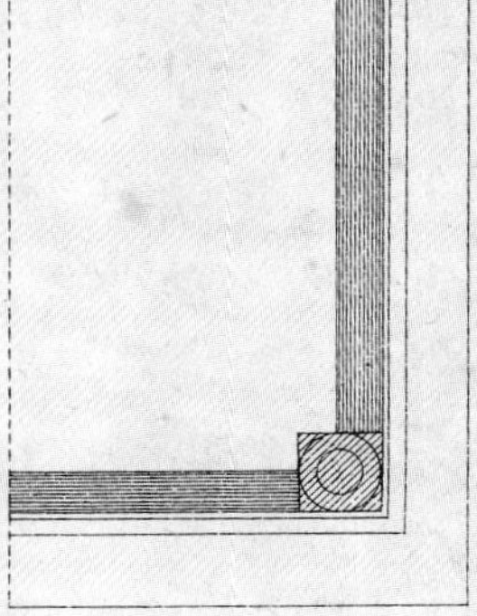

TAFEL 19

Zwei Eckschränke, Truhe und ein Stollenschrank sind auf dieser Tafel aufgezeichnet mit den nötigen Grundrissen und Details.

Fig. 1 stellt einen Eckschrank dar mit gerader Front und gebrochenen Ecken, welche Anordnung sich in dem Aufsatz wiederholt. Der Schrank ist 100 cm hoch und 80 cm breit, die gebrochenen Ecken sind $16^1/_2$ cm breit. Der Sockel ist 15 cm hoch, davon kommt auf den Kehlstoß 5 cm, die Ausladung desselben beträgt 4 cm. Der Fries mit samt Platte und den Stäbchen ist 10 cm hoch.

Der Rahmen der Thür, abgesehen von dem 8 cm vorspringenden Ecken, ist 10 cm breit, der Kehlstoß daran 3 cm. Der Aufsatz ist von der Platte ab 72 cm hoch, wovon für die Nische 19 cm abgehen, für das Schränkchen bleiben $52^1/_2$ cm. Die Breite ist $70^1/_2$ cm, die gebrochenen Ecken sind $9^1/_2$ cm breit und ebenso angeordnet wie die untern. Die Rahmen der Thüren sind mit dem Kehlstoß 7 cm breit. Die Schlagleiste ist 2 cm breit. Das Gesims ist 6 cm hoch und hat 4 cm Ausladung, die Kehlung des Sockelgesimses ist 3 cm breit. Die Seitenteile der Nische sind auf Rahmen gearbeitet, und haben 1 cm starke glatte Füllungen.

Fig. 2 stellt den Grundriß im Schnitt durch die Thüren dar. Die Tiefe der Seiten des untern Schrankes ist 56 cm, des obern kleinen Schrankes 50 cm.

Fig. 3 ist ein Eckschrank mit Etagerenaufsatz und gewölbter Front, zweithürig und über den Thüren ein 36 cm breiter Schubkasten. Die Höhe ist 102 cm und die Breite 81 cm, Füße und Sockel sind zusammen 12 cm hoch, die Höhe von den Thüren bis auf die Platte $16^1/_2$ cm. Die Lisenen sind 10 cm und die Schlagleiste 3 cm breit. Die Thürenrahmen sind $7^1/_2$ cm breit und mit einer einfachen Hohlkehle eingefaßt. Die Lisenen sind mit einem 3 cm breiten nach innen abgeschrägten Fries eingefaßt, wodurch eine 1 cm tiefer liegende Füllung gebildet wird, welche oben mit einer 17 cm langen Dreherei verziert ist, unterhalb welcher ein 15 mm breiter Rundstab die Füllung unterbricht und teilt. In der Höhe des Schubkastens sind zu beiden Seiten auf den Lisenen oblonge Spitzvierecke als Zierde aufgesetzt.

Der Aufsatz wird durch eine dreiteilige Etagere gebildet mit zwei runden Böden. Die Seitenteile sind auf Rahmen gearbeitet mit in den Falz gelegten Füllungen. Die Seiten sind reichlich 2 cm stark und an den Kanten ausgeschweift. Der Schluß der Seiten wird durch einen eingeleimten Viertelstab gebildet und oben mit einer gedrehten Urne bekrönt.

Fig. 4 der Grundriß hierzu; die Tiefe auf der Mitte gemessen beträgt für den Schrank 58 cm, die Seitentiefe 56 cm. Der erste Boden ist 50 cm, der zweite 36 cm tief. Die Thüren sind mit Scharnierbändern angeschlagen gedacht und gehen mit den blinden Lisenen auf.

Fig. 5 ein sogenannter Stollenschrank, darum so genannt weil das Gestell aus Stollen besteht, und teils in der Nute oder in den Falz die Seitenfüllungen oder Teile eingefügt sind.

Die Vorderansicht besteht aus einem Schrank mit zwei Thüren und darunter befindlichen Schubkasten. Zu unterst 25 cm hoch befindet sich zwischen den gedrehten Füßen noch ein Boden, welcher von den zurückgesetzten Vorder- und Seitenstollen 1 cm übersteht. Die Stollen sind an der Frontseite innen und außen 12 mm breit abgeschrägt, die Seitenstollen aber noch besonders auf der Mitte mit einer Hohlkehle geziert und mit gedrehten halben Knöpfchen ausgezeichnet. Der Schubkasten schlägt vor den Laufboden und ist an der untern Kante ausgeschweift, trägt auf 7 cm breiter Füllung, außer der einrahmenden Kehlung eine einfache ausgesägte Verzierung, welche auf der Mitte als Schlüsselschild eine gedrehte Rosette aufweist. Die vier Hauptstollen sind 8 cm ins Geviert stark. Die Querstollen über den Schubkasten und an den Seiten sind bloß $5^1/_2$ cm hoch und 8 cm stark. Das Gesims ist auch so hoch als die Stollen stark sind, die Schlagleiste ist 5 cm breit und mit Hohlkehlen und Stab gekehlt. Eine Galerie von 6 cm Höhe mit gedrehten Traljen und Endsäulchen bekrönt diesen 154 cm hohen und 57 cm tiefen Schrank, die Tiefe desselben beträgt 81 cm. Die Füllungen der Thüren sind mit einem 5 mm tief auf Grund gearbeiteten Ornament geschmückt, die Rahmen sind 8 cm breit, jedoch der obere ohne Kehlung, wegen der oblongen Spitzdoppelung $10^1/_2$ cm.

Fig. 6 zeigt die Ansicht dieses Schrankes von der Seite und ist die obere Abteilung durch Leisten scheinbar in drei Füllungen zerlegt. Diese Seitenansicht gibt ein klares Bild über den Zusammenbau. Die Rückwand wird in die Stollen in den Falz gelegt, und soll in der Breite ein 12 cm breites Mittelstück erhalten, damit zwei Füllungen in Anwendung kommen können. Der untere Boden kann auf Wunsch auf drei Seiten, vorn nicht, eine ähnliche Galerie wie oben erhalten und erhält dadurch eine beachtenswerte Verschönerung. In a und b sind die Durchschnitte der betreffenden Stellen der Vorderansicht gegeben.

Fig. 7 bringt die Vorder- und Seitenansicht einer Truhe von 100 cm Länge und 57 cm Breite im Kern, die Höhe beträgt 59 cm. Der Sockel ist $12^1/_2$ cm hoch und springt vor dem Kern 5 cm vor. Der Deckel ist 7 cm hoch und springt reichlich 6 cm vor. Zweiundzwanzig Konsolchen tragen den Deckel, die Zwischenfelder derselben zeigen ein gedrehtes Halbrund von 2 cm Durchmesser und 1 cm Höhe. Die Seiten sind auf den Ecken schräg abgekantet und laufen in einer Hohlkehle aus. Die Füllungen sind mit einem reichlich 2 cm breiten Kehlstoß eingefaßt und sind geziert durch ein auf Grund gearbeitetes 5 mm starkes Ornament. Die Hinterseite soll glatt sein, doch kann der Deckel in ähnlicher Weise gearbeitet sein als wie die Vorderseite, und in vier Füllungen abgeteilt werden.

Fig. 8 zeigt die Seitenansicht und Fig. 9 den Durchschnitt der Frontseite in der ganzen Höhe.

TAFEL 20

enthält sieben verschiedene Möbel mit den Grundrissen in vierzehn Figuren.

Fig. 1 stellt einen sogenannten Tresorschrank dar, ein Möbelstück zur Aufbewahrung von Wert- und Schmucksachen aller Art und besteht aus dem 100 cm breiten und 110 cm hohen zweithürigen Schrank, welcher außerdem noch zwei 12 cm hohe Schubkasten enthält. Der Aufsatz besteht aus einem 64 cm hohen, 62 cm breiten Schrank mit einer Thür und darunter befindlichen 8 cm hohen Schubkasten; zu beiden Seiten befinden sich Etageren mit ausgeschweiften Rückwänden und Viertelkreisböden. Die Thür ist 40 cm hoch und ebenso breit, die Rahmenbreite mit Kehlung ist $7^1/_2$ cm. Der Fries mit Gesims ist 12 cm hoch, das Gesims 5 cm und hat 7 cm Ausladung. Der Grund des einfachen Musters der Füllung soll 4 bis 5 mm tief liegen, die Lisenenbreite ist 7 cm. Die Tiefe bei den Schubkasten gemessen ist 31 cm, die Tiefe des Schrankes ist 40 cm, die Lisenen oben mit Konsole und gedrehten Tropfen geziert sind 9 cm breit und durch drei Hohlkehlen in vier gleiche Platten geteilt. Die Thürenrahmen sind mit der Kehlung $9^1/_2$ cm breit, die Füllungen ringsum 4 cm breit angekehlt und durch eine 2 cm breite, 5 mm starke Platte ist eine 10 cm breite vertiefte Füllung noch besonders hergestellt. Der Sockel steht 18 cm hoch, die Füße bekommen davon 8 cm und sind 12 cm stark.

Fig. 2. Der Grundriß zeigt links von dem Schrank den Schubkasten nebst Lisene und aufgelegter Verzierung derselben, sowie von dem Aufsatz den Schnitt durch die Thür, die beiden Böden der Etagere nebst der halben gedrehten Säule, welche hinten auf der Rückwand angebracht ist. Rechts ist der Durchschnitt über die Thür des Schrankes gegeben und von oben der Schubkasten im Grunde. Die punktierte Linie bezeichnet die Ausladung des Gesimses. In a ist das Profil der oberen Partie des Schrankes angeführt.

Fig. 3. Ein Pfeilerschränkchen mit zwei Thüren und zwei Schubkasten und ein besonderer Aufsatz mit ebenfalls zwei Schubkasten ist der zweite Gegenstand, welcher vorgeführt wird. 78 cm ist die Höhe, 72 cm die Breite und 42 cm die Tiefe. Der Aufsatz ist 10 cm hoch, 62 cm breit und 21 cm tief. Alle Maße, welche angeführt werden, gelten immer bloß für den Kern, d. h. den eigentlichen Korpus, alle Ausladungen sind nicht inbegriffen. Die mit Halbsäulen geschmückten Lisenen sind 7 cm breit, die Thürenrahmen 8 cm und die Schubkasten 10 cm hoch. Die Füße sind 9 cm hoch und die Sockelleiste 5 cm und ist auf beiden Seiten mit Unterbrechung abgekantet. Die Schlagleiste ist 3 cm breit und besteht aus drei Stäben.

Fig. 4 zeigt den Grundriß links von den Schubkasten und rechts im Durchschnitt der Thüren, sowie den Aufsatz in der ganzen Breite.

Fig. 5 zeigt ein zweites Pfeilerschränkchen anderer Anordnung, ebenfalls mit zwei Thüren jedoch bloß einem Schubkasten und Etagere als Aufsatz. Das Verhältnis ist das gleiche wie des vorbeschriebenen Schränkchens. Die Lisenen sind 7 cm breit und derart abgekantet, daß die Kanten ein profiliertes Muster darstellen, welches oben mit einer ausgesägten Verzierung, welche durch eine halbe Dreherei 3 cm stark als Konsole vortritt, verziert ist. Ein 16 mm breiter Stab mit gedrehter Rosette darunter und als Abschluß ein Spitzviereck bilden die abwechselnde Darstellung der Lisenen. Die Thürenrahmen sind $6^1/_2$ cm breit und nach innen abgeschrägt. Die Ecken sind mit Spitzquadern verziert von 4 cm im Quadrat. Der Boden des Aufsatzes liegt 20 cm hoch von der Platte und wird von gedrehten 8 cm starken Säulen getragen. Die Rückwand besteht aus einem Rahmen mit Füllung in der Nute. In a ist das Profil der Lisene von oben angeführt.

Fig. 6 Grundriß, links von den Schubkasten, rechts der Schnitt durch die Thür mit Lisenen von oben, sowie den Aufsatz mit Andeutung der Säulen und der Rückwand.

Fig. 7. Nipptisch mit 41 cm im Durchmesser haltender Platte und ausgeschweifter Zarge. Die Säule ist an der stärksten Stelle $9^1/_2$ cm, wird aber bloß $6^1/_2$ cm stark zugerichtet, das Mehr wird durch Aufleimen erzielt. Die Füße stehen 22 cm hoch und haben 18 cm Ausladung.

Fig. 8 der Grundriß hierzu.

Fig. 9. Ein Etagerentisch mit zwei Böden bis zu der Platte 80 cm hoch, der untere Boden steht 17 cm hoch, der obere 47 cm. Die Platte ist 47 cm lang und breit, die Füße haben 5 cm im Durchmesser. Die Zarge ist 11 cm hoch und ist auf allen vier Seiten, wie die Zeichnung angibt, ausgeschweift, dasselbe gilt auch für den ersten Boden, an welcher alle vier Seiten ebenfalls solche ausgeschweifte Leisten als Zierat erhalten sollen.

Fig. 10 der Grundriß gibt bloß die Größe der Platte an, dann die Füße und Zarge unmittelbar unter dieser.

Fig. 11 eine Eckétagere in Schrankform mit gebrochenen Ecken. Die Höhe ohne Aufsatz und Sockel ist 67 cm, die Breite 55 cm, die Ecken sind 12 cm breit und durch aufgeleimte Stäbe verziert. Der Fries mit Gesims ist 9 cm hoch. Der Aufsatz ist 17 cm hoch und durch Sägearbeit hergestellt, wie auch der 8 cm breite Sockel und die Endung der Ecken. Da die Tiefe der Etagere auf der Mitte gemessen 36 cm beträgt, so müssen die Seiten mit Rücksicht auf die 12 cm breiten Ecken 39 cm breit gemacht werden, und können auf Rahmen mit Füllungen gearbeitet werden was jedenfalls besser ist als die ganze Breite in einer Tafel herzustellen.

Fig. 12 der Grundriß hierzu.

Fig. 13 ein Pfeifenbrett als Wandschmuck, dasselbe ist aus vier Teilen zusammengestellt, der Rückwand, Aufsatz und Sockel, Gesims und mittlerer Pfeifenleiste.

Der Grundriß Fig. 14 und der Seitendurchschnitt Fig. 15, in der ganzen Höhe, läßt die Verhältnisse und den Zusammenbau genau erkennen. Die äußerste Höhe beträgt 85 cm, ohne Sockel und Aufsatz 55 cm, die Breite zwischen den Pilastern ist 34 cm, diese sind 6 cm breit und 16 mm stark. Das obere Gesims ladet 8 cm aus und der Boden $16^1/_2$ cm.

TAFEL 19

Fig. 1.

Eckschrank mit Aufsatz

Fig. 9.

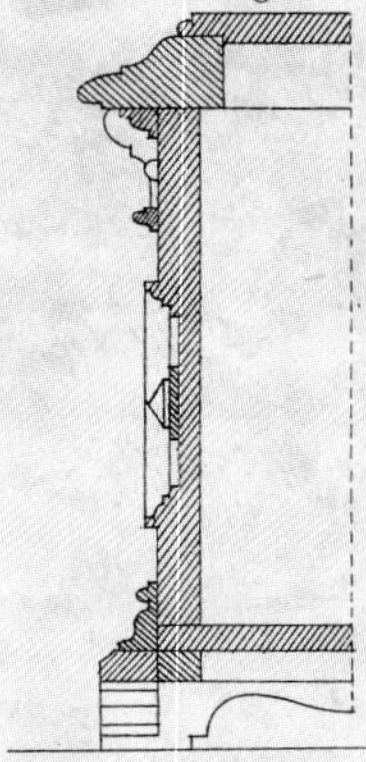

Fi

Tri

Fig. 5.

Stollenschran

Details in natürlicher Größe
zu den Fig. 1 und 7
finden Sie auf
dem Modellbogen N° 7.

Fig. 2.

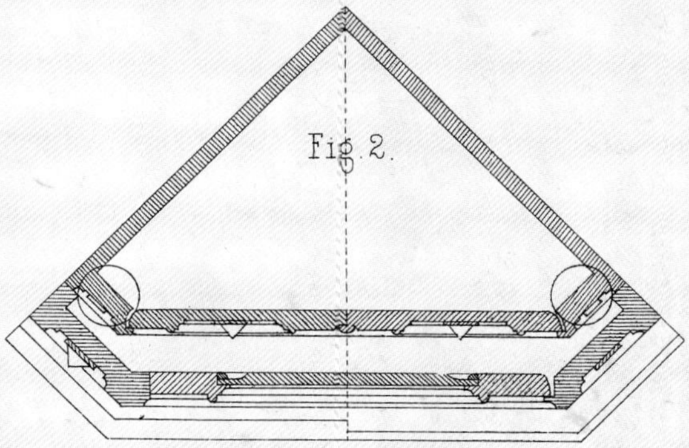

Fig. 8.

Fig. 6.

Fig. 3.

Eckschrank mit Etagere.

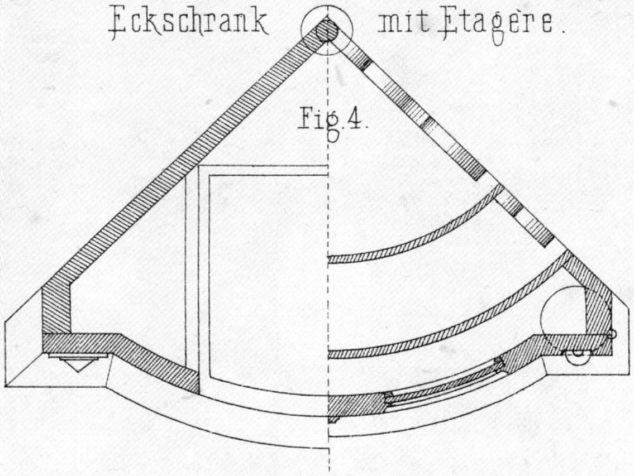

TAFEL 20

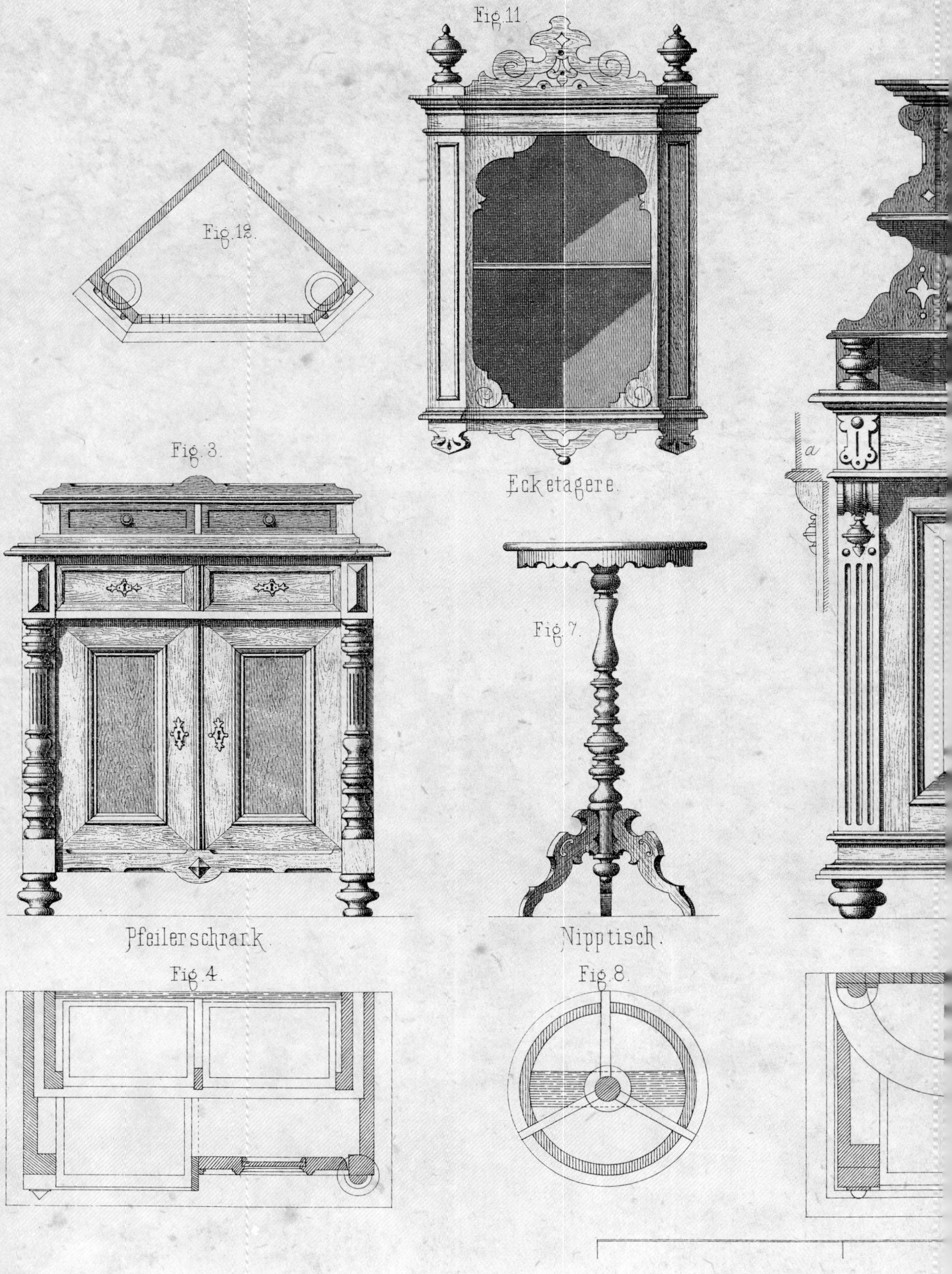

Details in natürlicher Größe
zu den Fig. 3, 5, 7 und 11
finden Sie auf
dem Modellbogen N° 7.

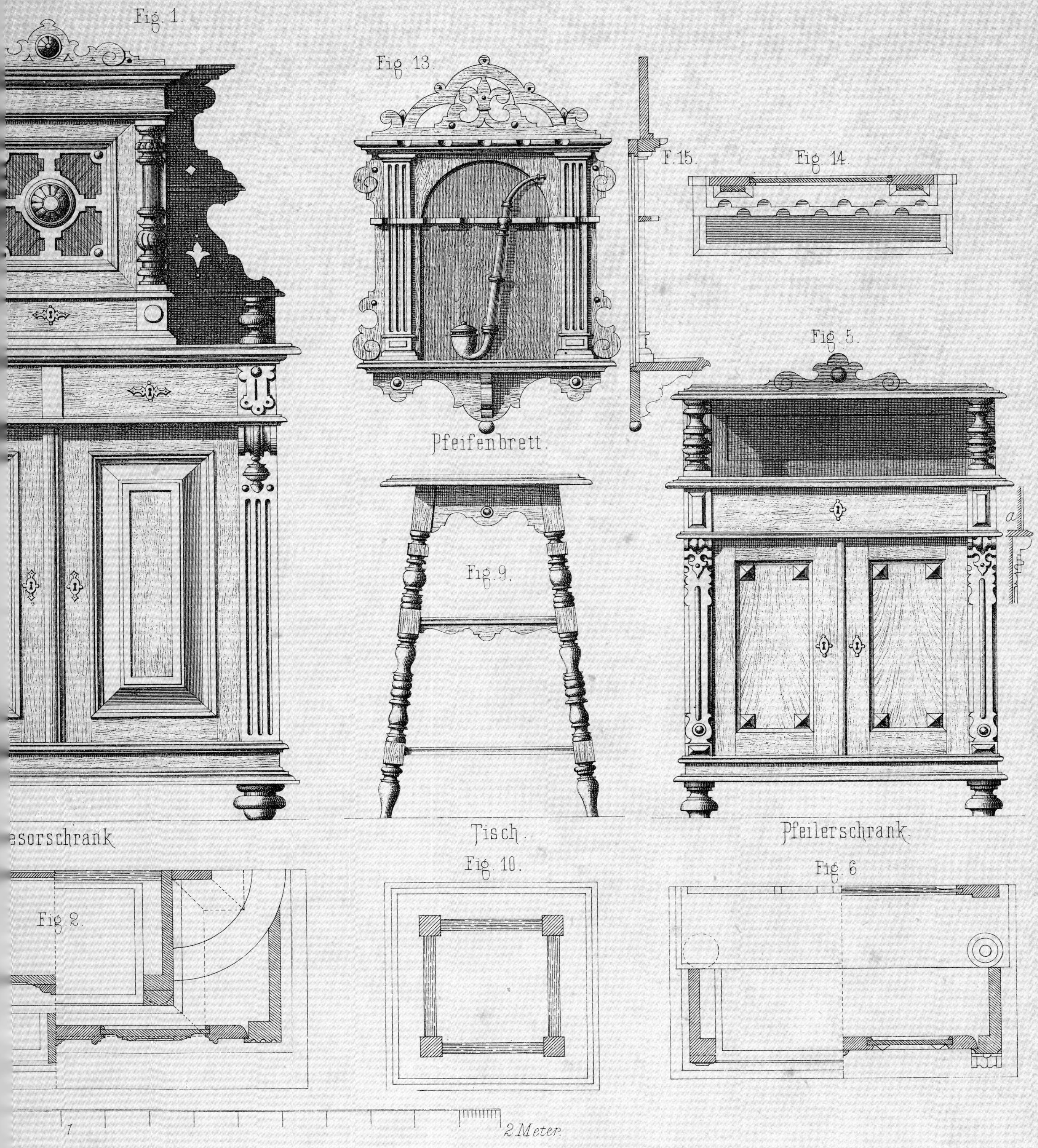
Fig. 1.
Fig. 13.
F. 15.
Fig. 14.
Fig. 5.
Pfeifenbrett.
a
Fig. 9.
esorschrank
Tisch.
Pfeilerschrank.
Fig. 10.
Fig. 6.
Fig. 2.
1
2 Meter.

TAFEL 21

Drei Waschtische, Handtuchhalter und eine Kleiderleiste sind hier aufgezeichnet mit genauen Grundrissen und Seitendurchschnitten.

Fig. 1 stellt einen Waschtisch dar mit Spiegel und Marmoraufsatz. Das Größenverhältnis stellt sich folgendermaßen. Die Höhe bis auf die Marmorplatte ist 77 cm, die Breite 80 cm, die Tiefe oben bei dem Schubkasten 52 cm. Die Platte springt $4^1/_2$ cm über. Die Lisenen mit den halben Säulen sind $5^1/_2$ cm breit. Die Thüren treten gegen den oberen Lisenenkopf 4 cm zurück, die Rahmen sind mit Kehlstoß 9 cm breit, die Schlagleiste 3 cm und die Füße sind $7^1/_2$ cm hoch. Die Schubkasten sind 11 cm hoch und mit einem 3 cm breiten, 7 mm starken Fries verdoppelt.

Der Aufsatz ist in Marmor gedacht, kann auch in Holz ausgeführt und marmorartig oder auch bloß weiß gestrichen und lackiert werden. Die Seiten sind 40 cm tief und 16 cm hoch, der 12 cm breite Boden steht 13 cm hoch von der Platte. Das Lichtmaß des Spiegelrahmens ist 34 und 54 cm, der Rahmen ist 5 cm breit, wozu an den Seitenrahmen noch die ausgeschweiften Verzierungen hinzutreten. Der Aufsatz mit dem Gesims mißt genau 20 cm in der Höhe, und hat außer dem bekrönenden Frontspitz eine aufgedoppelte 8 mm starke Füllung als Zierde.

Fig. 2 der Grundriß, links von dem Schubkasten und Aufsaz, rechts von dem Schrank mit dem Schnitt durch die Thür.

Fig. 3 der genaue Seitendurchschnitt bis auf den obern Teil des Spiegelrahmens, welcher in Fig. 1a in vergrößertem Maß links aufgezeichnet ist.

Fig. 4 ist ein Waschtisch in ähnlicher Anordnung mit zwei Thüren, jedoch bloß einen in der ganzen Breite gehenden Schubkasten. Die Höhe ist dieselbe wie Fig. 1, die Breite aber bloß 72 cm. Die Platte ist 53 cm breit und 78 cm lang. Der verdoppelte Schubkasten ist 11 cm hoch, die Thürenrahmen sind $7^1/_2$ cm breit. Die nach vorn bis auf $3^1/_2$ bis 4 cm verstärkten ausgeschweiften und gefrästen Seiten bilden die Lisenen und die einzige Zier dieses Waschtisches. Der 3 cm breite Sockel ist auf den Karnies gekehlt und liegt 10 cm hoch.

Der Aufsatz in Marmor oder Holz ausgeführt ist 31 cm hoch auf der Mitte gemessen und enthält außer dem $11^1/_2$ cm breiten Boden noch eine kleine halbrunde Konsole.

Fig. 5 der Grundriß.

Fig. 6 der Seitendurchschnitt.

Fig. 7 ein Waschtisch in Tischform mit vier gedrehten Füßen. Die vorherbeschriebenen müßten mit Recht Waschschränkchen genannt werden, doch ist die Bezeichnung zu sehr allgemein geworden alle derartigen Möbel einfach Waschtisch zu nennen.

Vier gedrehte Füße, in der Höhe von 16 cm aber quadratisch 6 cm stark, die beiden Vorderfüße nach oben noch 4 cm breiter und als Konsole abgeschweift, bilden mit der 15 cm hohen Zarge das Gestell, welches 29 cm hoch von den unten noch durch einen vorn ausgeschweiften Boden verbunden ist. Die Vorderzarge ist unten abgeschweift und enthält zwei kleine Schubkasten, welche überfalzt sind; die Seiten und die hintere Zarge sind gerade, sind in die Füße eingestemmt und stehen von diesen 4 mm zurück. Die Platte ist 90 cm lang und 54 cm breit. Der Aufsatz ist an den Seiten $23^1/_2$ cm hoch und besteht außer den Seiten und der $33^1/_2$ cm hohen Rückwand aus zwei in der Mitte ausgeschweiften Böden, 8 cm voneinander entfernt, zwischen welchen zwei 19 cm breite Schubkasten angebracht sind. Das Waschbecken ist in die Platte eingelassen, daß es ungefähr noch 6 bis 7 cm frei bleibt.

Fig. 8 der Grundriß mit Angabe der Zarge und den Boden zwischen den Füßen, sowie den Aufsatz, welcher rechts angedeutet ist.

Fig. 9 zeigt die Seitenansicht und Durchschnitt in der Höhe der Zarge nebst dem Aufsatz.

Fig. 10 stellt einen Handtuchhalter, in gedrehter Arbeit ausgeführt, dar, derselbe ist 71 cm hoch und 66 cm breit und besteht aus den zwei je 4 cm starken Säulchen, in welchen die 2 cm starken Füße eingesetzt sind, oben sind noch zwei Aermchen angebracht, welche wie die Kugel der Säulen zur Aufnahme von $1^1/_2$ cm starken Rundstäben dienen und nebst dem Stab weiter unten den entsprechenden Zweck erfüllen sollen.

Fig. 11 die Seitenansicht dieses Gestelles.

Fig. 12 zeigt die Form einer Kleiderleiste mit sechs Haken in ausgesägter Arbeit, dieselbe besteht aus zwei Teilen, der eigentlichen Hakenleiste von 4 cm Breite und dem ausgeschweiften Zierstück, worauf die Hakenleiste geleimt und befestigt ist. Die ganze Stärke dieser beiden Teile soll nicht unter 3 cm betragen, das ausgeschweifte Zierstück wird am zweckmäßigsten aus hartem Holz gemacht.

Fig. 13 die Ansicht und Schnitt von der Seite.

TAFEL 22

Bettstellen für das Schlafzimmer sind auf dieser Tafel vertreten und zwar zwei für Erwachsene und eine Kinderbettstelle.

Fig. 1 Fuß- und Kopfteile (Häupter) einer Bettstelle für Erwachsene sind hier dargestellt. 100 cm ist die äußere Breite, 87 cm ist die Stollenhöhe für das Haupt zu Füßen und 113 cm diejenige des hinteren Hauptes, $7^1/_2$ bis 8 cm sind hier für die Stärke der Stollen angenommen, und 20 cm hoch sind die Füße angedreht. Die Urnen können auch gleich an den Füßen angedreht werden, weil dieselben die Stärke derselben nicht überschreiten, doch können diese auch extra aufgesetzt werden. Beide Häupter sind auf Rahmen zusammengearbeitet und haben die Füllungen in der Nute. Das vordere Haupt hat um die Füllung einen Kehlstoß und runde Ecken, welche noch mit gedrehten Rosetten geschmückt sind, außer diesen unten noch einen Kehlstoß als Sockel, auch der Auffatz zeigt Abwechselung, denn die obere Schweifung ist verschieden aufgefaßt durch stellenweises Abkanten und den Spiralen an dem Mittelteil, welcher noch durch eine 12 cm große gedrehte und gestochene Rosette mit nebenliegenden vertieften kleinen Füllungen verziert ist. Das hintere Haupt ist insofern einfacher gehalten, weil außer dem Auffatz nur wenig sichtbar bleibt. Die ganze Breite ist durch einen 6 cm breiten Kehlstoß in den Auffatz und den untern Teil getrennt. Der Rahmen hat zwar dieselben runden Ecken und auch oben gleiche Rosetten, der Kehlstoß jedoch bleibt weg. In den Stollenfüßen sind Hohlkehlen eingefügt und in der Mitte in der Höhe der Füllungen abgeschrägt.

Fig. 2 zeigt den Schnitt im Grundriß durch die Füllung des vorderen Hauptes und daneben die halbe Zeichnung der Seiten.

Fig. 3 der obere Durchschnitt des hinteren Hauptes bis zu der gemusterten Füllung.

Fig. 4 der Durchschnitt in der ganzen Höhe des Vorderhauptes.

Fig. 5 eine Bettstelle anderer Anordnung mit achteckigen oben und unten angedrehten $8^1/_2$ cm starken Füßen. Die Füllungen sind ebenfalls auf Rahmen zusammengearbeitet und haben als Zierde außer den Auffätzen mit Einschnitten versehene Friese, an dem Vorderhaupt $8^1/_2$ cm, hinten 11 cm breit. Die Einschnitte sind mit dem Geisfuß herzustellen. Der vordere Auffatz ist 10 cm hoch und in der Schweifung einfach gehalten, der hintere dagegen ist 36 cm hoch und sowohl in der Schweifung als auch der ganzen Anordnung reicher dargestellt. Die Füße sind 21 cm, die vorderen Urnen 11 cm, die hinteren 16 cm hoch. Die ganze Höhe der Häupter ist vorn 96, hinten 143 cm. Unten rechts ist die halbe Länge der hierzu gehörigen Seiten in der Ansicht und auch im Grund angegeben.

Fig. 6 der Grundriß im Schnitt durch die Füllung.

Fig. 7 der Auffatz des hintern Hauptes im Seitendurchschnitt.

Fig. 8 Seitendurchschnitt der vorderen Füllung.

Fig. 9 eine Kinderbettstelle von 60 cm äußerer Breite und 106 cm Länge, die Häupter sind an den Füßen 72 cm hoch, welche Höhe aber bis zu 85 cm gesteigert werden soll wenn Schubkasten in Betracht kommen, die Füllung steht direkt in den Füßen in der Nute. Der Sockel ist $9^1/_2$ cm hoch, das obere Auffatzstück aber 28 cm. Die Füße sind 6 cm stark und achteckig gehobelt, die Höhe, soweit die Füße gedreht sind, beträgt 14 cm. Die Seiten erhalten zwei Schubkasten in der Breite, doch ist diese hier durch die Zeichnung bestimmte Höhe ohne Schubkasten zu nehmen; werden solche angebracht, dann soll die Höhe soviel mehr betragen als die Kasten hoch werden, damit die Matratze und Betten nur bis an die Galerie reichen. Das Verhältnis, welches für diese Bettstelle angenommen ist, paßt für Kinder bis zu vier Jahren, darüber muß die Breite und Länge erhöht werden.

Fig. 10 stellt den halben Grundriß dar.

Fig. 11 den Schnitt durch die ganze Höhe der Füllung.

Fig. 12 gibt die Galerie in doppelter Größe an.

Fig. 13 und 14 geben in vergrößertem Maß die Urnen der hintern Häupter von Fig. 1 und Fig. 5 zu erkennen.

TAFEL 21

Fig. 10

Handtuchhalter.

Fig. 11.

Fig. 1a.

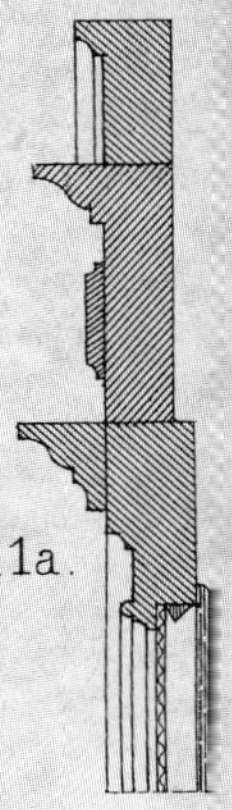

Fig. 4.

Fig. 8.

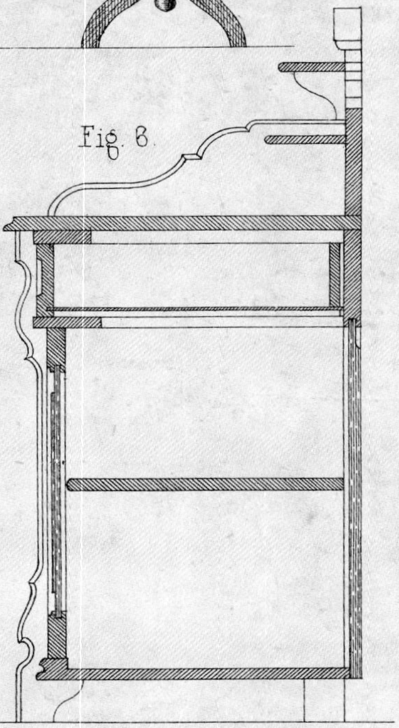

Waschtisch mit Schränkchen.

Details in natürlicher Größe
zu der Fig. 1
finden Sie auf
dem Modellbogen N° 8.

Fig. 5.

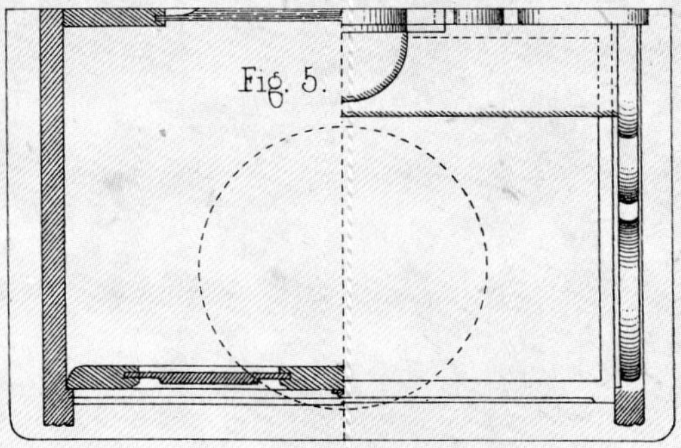

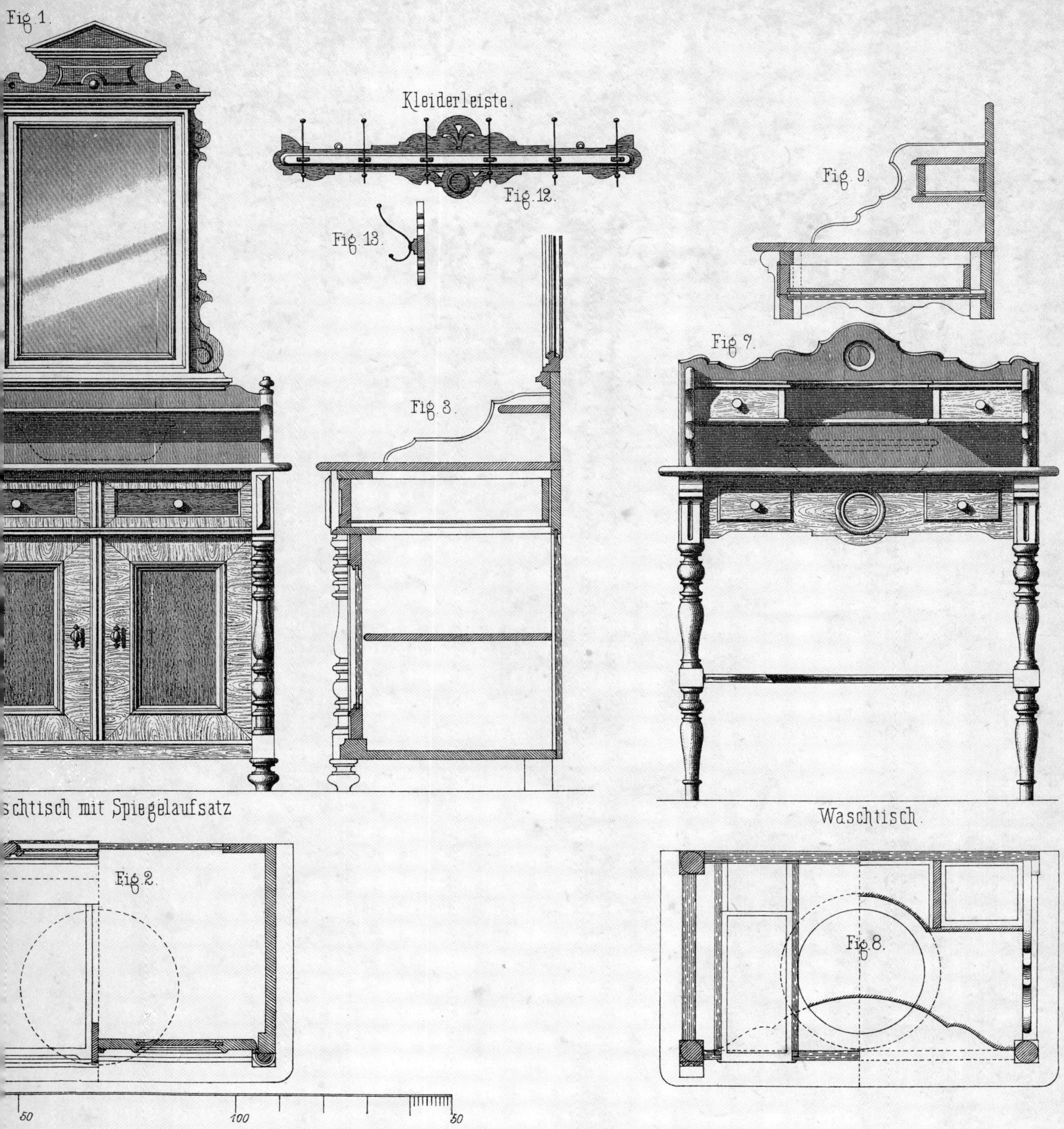
Fig. 1.
Kleiderleiste.
Fig. 12.
Fig. 13.
Fig. 9.
Fig. 3.
Fig. 7.
schtisch mit Spiegelaufsatz
Waschtisch.
Fig. 2.
Fig. 8.
50
100
50

TAFEL 22

Details in natürlicher Größe
zu den Fig. 1 und 5
finden Sie auf
dem Modellbogen N° 8.

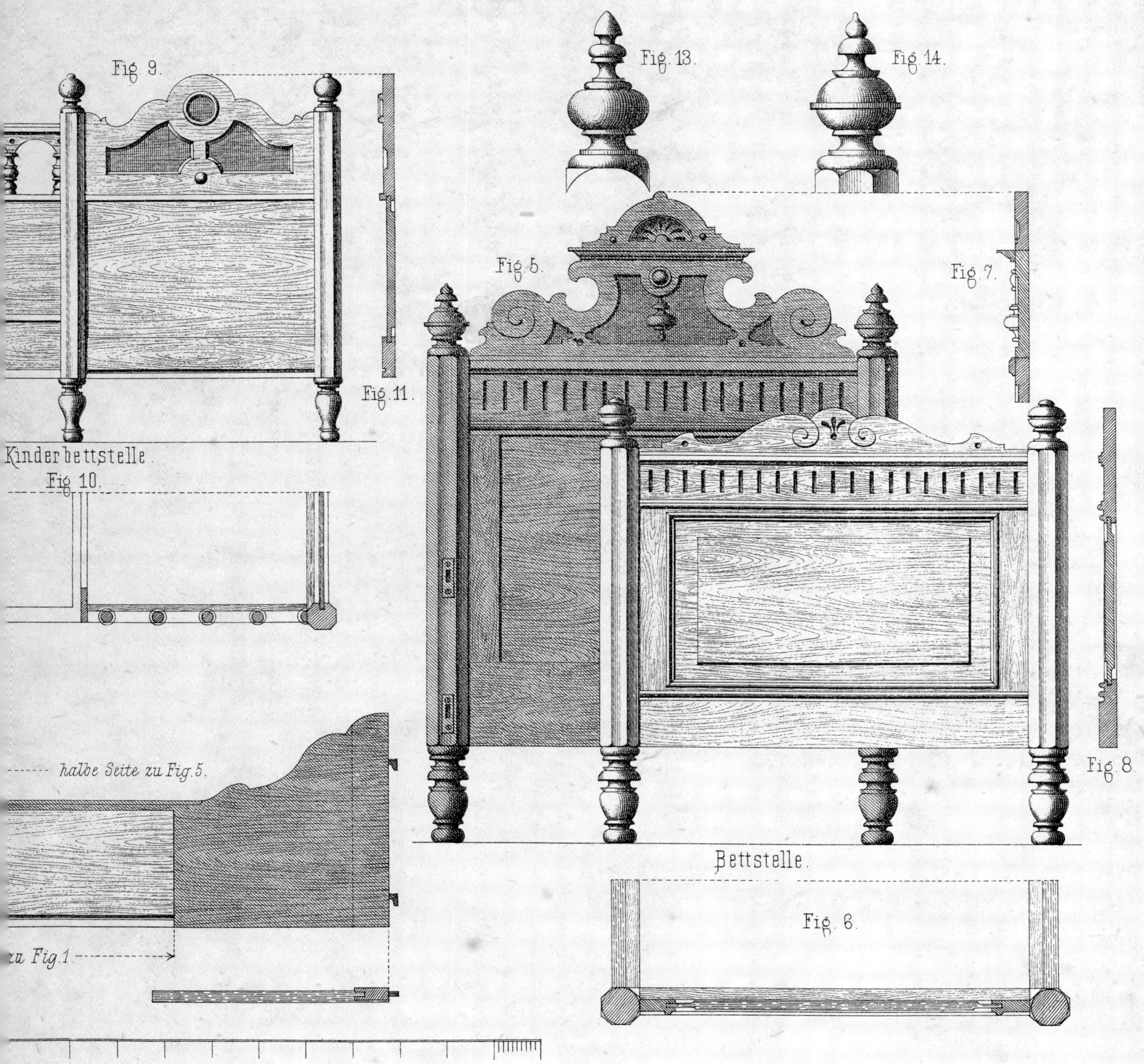
Fig. 9.
Fig. 11.
Kinderbettstelle.
Fig. 10.
halbe Seite zu Fig. 5.
zu Fig. 1
Fig. 13.
Fig. 14.
Fig. 5.
Fig. 7.
Fig. 8.
Bettstelle.
Fig. 6.

TAFEL 23

Diese Tafel enthält ebenfalls Möbel für das Schlafzimmer und zwar: eine große Bettstelle, ein Kinderbett, eine Wiege und vier Nachtschränkchen.

Fig. 1. Diese Bettstelle ist außen 88 cm breit, die Höhe der Häupter an den Stollen vorn 81 cm, hinten 97 cm, die Seitenlänge zwischen den Stollen 170 bis 180 cm. Die Stollen sind 7 cm stark, rund und 22 cm hoch für die Füße gedreht. Die Rahmen enthalten je zwei Füllungen. Das vordere obere Rahmenstück ist auf der Mitte 19 cm breit, mit vier Hohlkehlen und dazwischen liegender kleiner Faconfüllung verziert und oben in Bogen abgeschweift. Der hintere 25 cm hohe besonders aufgesetzte Aufsatz ist außer den geschweiften Seiten und Gesims, ebenfalls mit einer auf den Grund gearbeiteten faconnierten Füllung verziert und auf dem obern Rahmenstück mit aufgelegten Platten und Spitzquadern.

Fig. 2 der vordere Teil des Grundrisses.

Fig. 3 zeigt in vergrößertem Maß einen Stollen mit Rahmen und Seitenansatz.

Fig. 4 Kinderbettstelle, dieselbe ist 69 cm breit und 126 cm lang außen gemessen mit den Stollen, diese sind reichlich 5 cm stark und mit gebrochenen Ecken und 18 cm hoch gedreht. Die ganze Höhe mit den Urnen ist 91 cm. Die Seiten bis zur Galerie sind 35 cm hoch, mit Galerie $51^1/_2$ cm. Durch aufgeleimte Kehlstöße ist eine 12 cm breite Füllung gebildet, welche noch besonders durch 4 mm starke Verdoppelungen geziert ist. Die Sprossen der Galerie sind aus $2^1/_2$ cm breiten, 1 cm starken Leisten gebildet und sind an den Kanten ganz schmal angekehlt mit einem Stäbchen oder Hohlkehle. Nebenan ist der Durchschnitt der Seite und Galerie angegeben.

Fig. 5 ein Teil des Grundrisses mit den Stollen und Anschluß der Seiten, sowie an dem Haupt der Durchschnitt über die beiden Füllungen.

Fig. 6 eine Kinderwiege, dieselbe ist 108 cm lang, 62 cm breit oben und 43 cm unten. Die Seiten sind 47 cm hoch, sind auf Rahmen gearbeitet und haben zwei Füllungen. Der Fries ist 12 cm hoch, auf der Mitte jedoch 16 cm, und ist mit einem in Halbkreisform gehaltenen durchbrochenen Muster geziert. Die Kufen sind 15 cm hoch und mit Diebel in die Häupter befestigt und an beiden Seiten noch besonders durch ausgeschweifte Knaggen. Die Häupter sind auch auf Rahmen gearbeitet mit einer Füllung. Der Aufsatz ist besonders aufgesetzt.

Fig. 7 die Hälfte der Seitenansicht.

Fig. 8 ein Teil des Grundrisses links mit durchschnittenem Haupt und Seite, rechts von unten mit der Kufe und Knagge.

Fig. 9 zeigt in vergrößertem Maß einen Rahmenteil des Hauptes mit der eingelegten Füllung und die Befestigung der Seite mit Nute und Feder in dasselbe.

Fig. 10 bis Fig. 13 sind Zeichnungen zu vier Nachtschränkchen der einfachsten Art in übereinstimmenden Verhältnissen, nur verschieden in der Anordnung.

Fig. 10 ist 40 cm breit, 36 cm tief und 76 cm hoch bis auf die Platte. Der Schubkasten ist 10 cm hoch, die Lisenen $4^1/_2$ cm breit. Der Fries der Thür ist mit dem Kehlstoß 6 cm breit. Der Aufsatz ist 20 cm hoch bis auf den Boden und dieser 13 cm breit.

Fig. 10a Durchschnitt der Lisenethür vergrößert. Fig. 10b Seitendurchschnitt des Aufsatzes. Fig. 10c Seitenansicht des oberen Teiles der Lisene.

Fig. 11 hat genau die Größe von Fig. 1, aber zwischen der Thür, welche nur 31 cm hoch ist, und den Schubkasten eine 21 cm hohe Nische mit gedrehten Säulen auf den Ecken, der Aufsatz besteht bloß aus der 19 bis 20 cm hohen ausgeschweiften Rückwand mit der kleinen halbrunden Konsole.

Fig. 11a ist der Grundriß in der Nische durchschnitten angenommen. Fig. 11b Lisene und Thür vergrößert im Durchschnitt. Fig. 11c Seitenansicht der Rückwand mit Konsole.

Fig. 12 Schränkchen mit hohen gedrehten Füßen, Thür und Schubkasten wie die vorigen aber ohne Aufsatz, bloß hinten auf der Platte mit einer 3 cm hohen Schutzleiste versehen. Die Lisenen sind 5 cm breit, der Fries der Thür 6 cm und der Schubkasten ist 10 cm hoch.

Fig. 12a ebenfalls Lisene und Thür vergrößert im Durchschnitt gegeben. Fig. 12b obere Partie von dem Schubkasten ab von der Seite.

Fig. 13 hat wie Fig. 11 zwischen Thür und Schubkasten eine jedoch nur 13 cm hohe Nische, und besteht dieses Schränkchen aus zwei besondern Teilen, dem Schrank und dem obern Teil mit Schubkasten, diese beiden Teile sind durch vier Säulchen verbunden. Ein 12 cm hohes ausgeschweiftes Schutzbrett hinten auf der Platte bildet den Aufsatz.

Fig. 13a der Grundriß hierzu und Fig. 13b ebenfalls wie an dem schon beschriebenen Schränkchen, den Durchschnitt der Lisene und Thür im Grund.

TAFEL 24

Hier sind ebenfalls bloß Gegenstände für das Schlafzimmer aufgezeichnet, ein Bettschirm fünfteilig, eine sogenannte spanische Wand, eine Nachtgarderobe und zwei Nachtstühle.

Fig. 1 ein verstellbarer Bettschirm aus fünf Teilen bestehend, jeder Teil ist 40 cm breit und an den Seiten 176 cm hoch, 5 cm sind die aufrechten Seitenteile breit, das mittlere Querstück bloß 4 cm, die obern und untern Rahmenteile richten sich nach der Schweifung und sind unten an den breitesten Stellen 5 cm, die obern aber 9 cm breit, sind ausgefalzt und in diesen Falzen liegt auf besondern Rähmchen aufgezogen der Stoff oder Tapete, letztere muß als Untergrund aber auch Stoff erhalten, damit die Tapete haltbar ist. Die Rahmen sind mit Scharnierbändern zu verbinden, am besten drei auf jeden Rahmen, hier sind bloß zwei angenommen.

Fig. 4 eine spanische Wand von 183 cm Höhe und 113 cm Breite. Die ganze Wand besteht aus einem Rahmen, dessen Seitenteile 7 cm und das Mittelstück 5 cm breit ist. Der untere Teil, welcher zugleich den Sockel bildet, ist 14 cm, der obere Teil mit Gesims ist 18 cm breit, der Aufsatz aus Sägearbeit hergestellt ist auf der Mitte 13 cm hoch. Das Friesstück stellt zwei durchbrochene Füllungen dar und ist von dem Rahmen durch einen kleinen Kehlstoß geschieden. Die Füße sind 4 cm stark und haben zusammen 36 cm Ausladung. Der Stoff kann mittels kleiner Falzleisten glatt oder faltig aufgezogen werden, oder wie es meist geschieht, grauer Drell glatt in den Falz gespannt und dann mit Tapete beklebt.

Fig. 5 der Grundriß.

Fig. 6 die Ansicht der Füße von der Seite.

Fig. 7 ein Behälter zur Aufnahme der Nachtgarderobe, 180 cm hoch und 103 cm breit, 34 cm tief mit zwei Schubkasten unten. Der Behälter ist ohne Thür, dunkelfarbige Kattunvorhänge, welche oben an eine Eisenstange mit Ringen angehängt sind, vertreten die Stelle derselben.

Fig. 8 der Grundriß links mit dem Schubkasten, rechts von oben im Durchschnitt mit Angabe der Eisenstange für den Vorhang.

Fig. 9, 10 und 11 ein Nachtstuhl in Ansicht, Grundriß und Durchschnitt des obern Teiles mit dem Deckel und Sitz zum Aufklappen. Die Größe ist 42 cm für Breite und Tiefe, die Sitzhöhe ist zu 45 cm angenommen. Die Seiten sind auf Gehrung zusammengemacht.

Fig. 12, 13 und 14 ein Nachtstuhl in gleicher Weise dargestellt, nur mit dem Unterschied, daß dieser Stuhl als Schemel benutzt werden kann und mit Polstersitz versehen ist, aus diesem Grund sind auch höhere Füße angebracht, und die Sitzhöhe mit Polster 52 cm bestimmt, für aufgeklappten Polster aber auch bloß 45 cm beträgt.

TAFEL 23

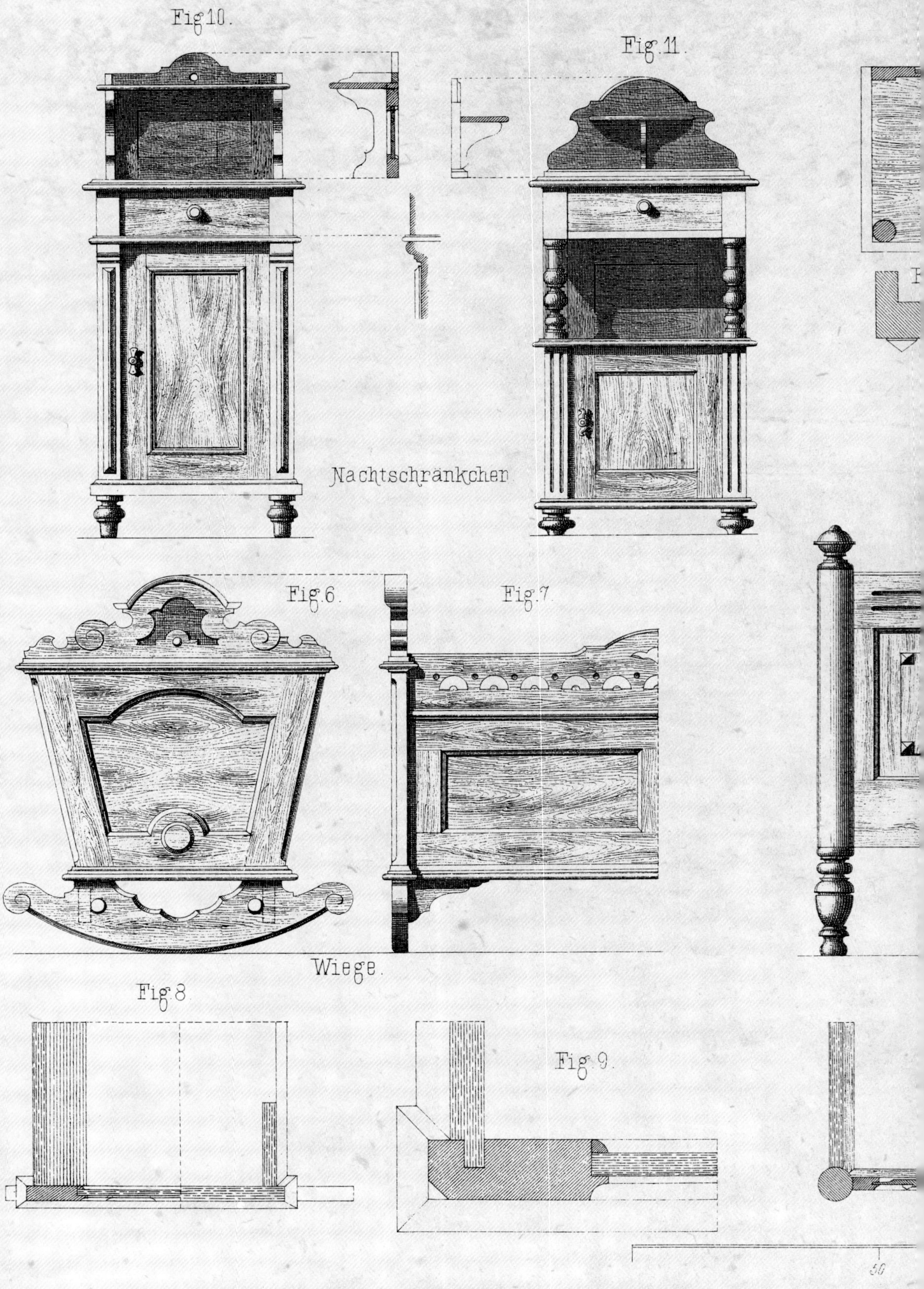

Details in natürlicher Größe
zu den Fig. 1, 6, 7 und 11
finden Sie auf
dem Modellbogen N° 8.

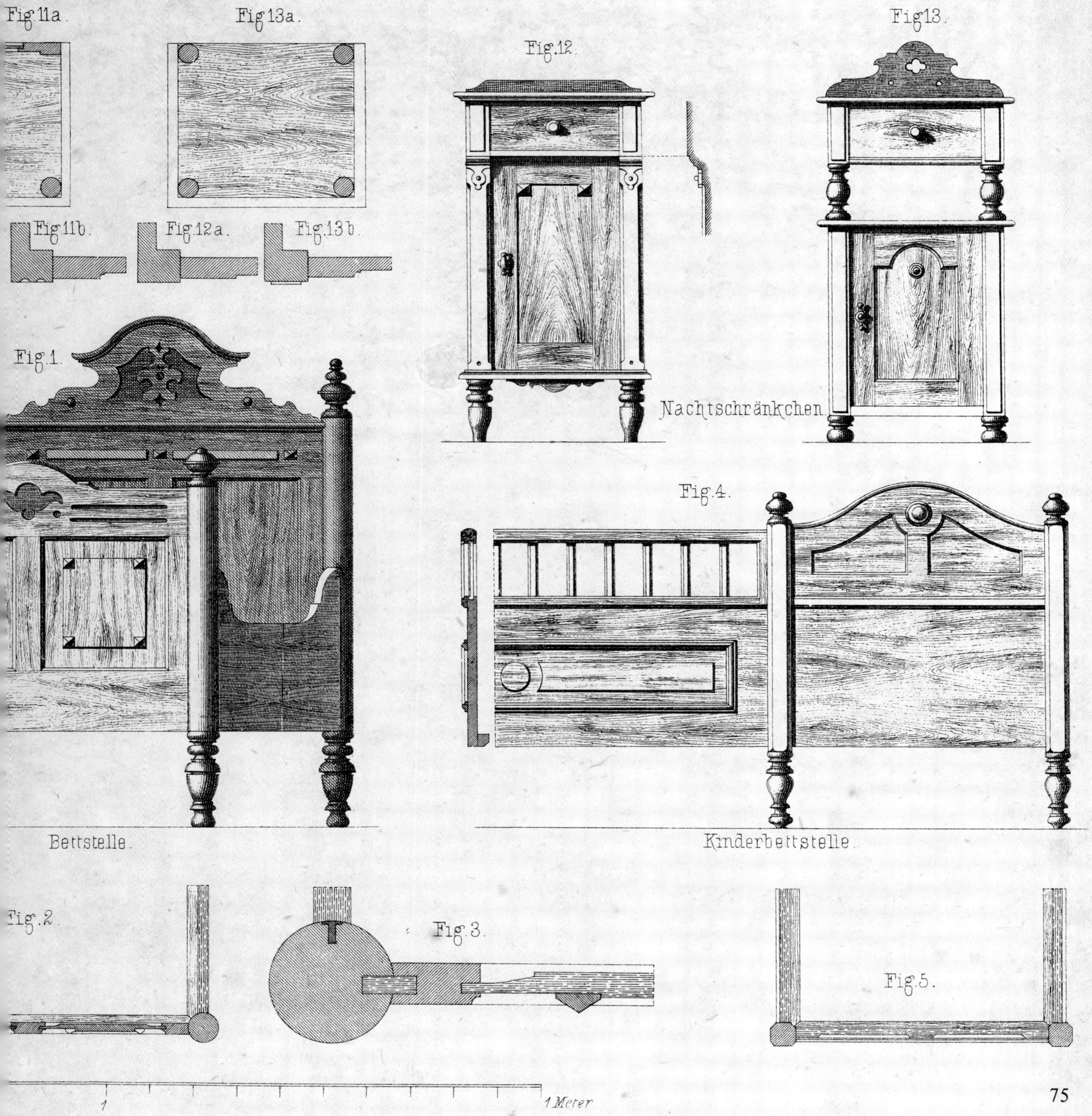
Fig. 11a.
Fig. 13a.
Fig. 12.
Fig. 13.
Fig. 11b.
Fig. 12a.
Fig. 13b.
Nachtschränkchen.
Fig. 1.
Fig. 4.
Bettstelle.
Kinderbettstelle.
Fig. 2.
Fig. 3.
Fig. 5.
1
1 Meter

TAFEL 24

Fig. 1.

Fünfteiliger Bettschirm.

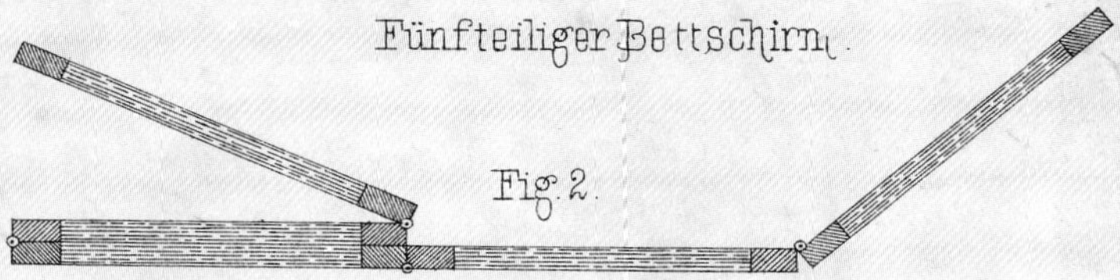

Fig. 2.

Fig. 3.

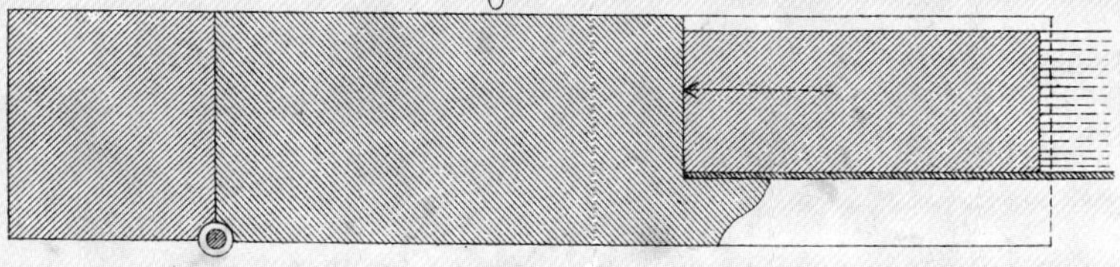

Fig. 7.

Nachtgarderobe

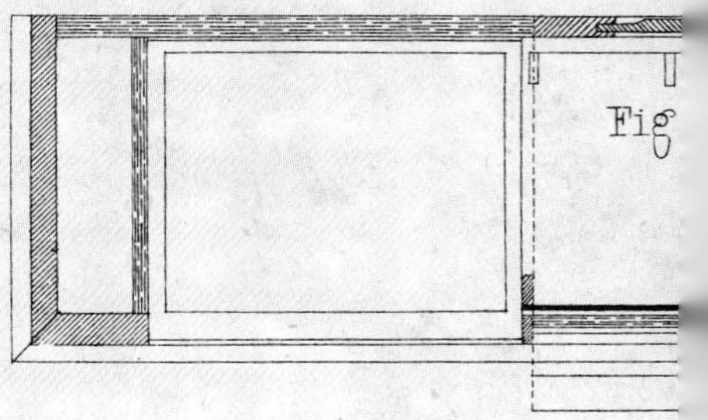

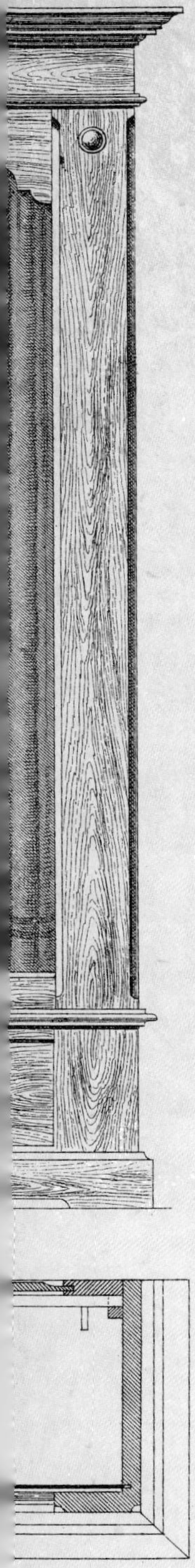

Fig 9.

Nachtstuhl.

Fig 10.

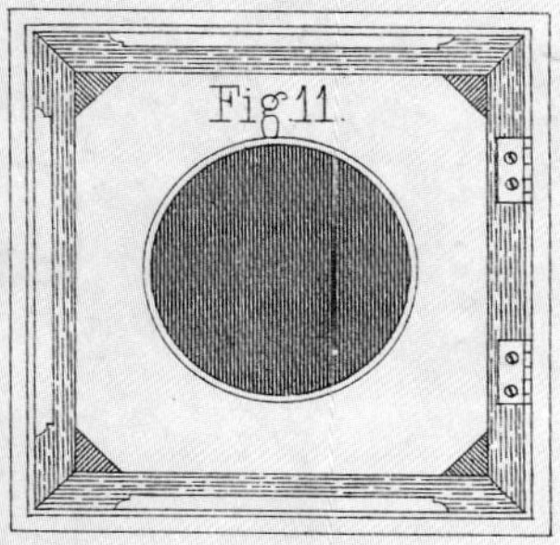

Fig 11.

Fig 12.

Nachtstuhl mit Polstersitz.

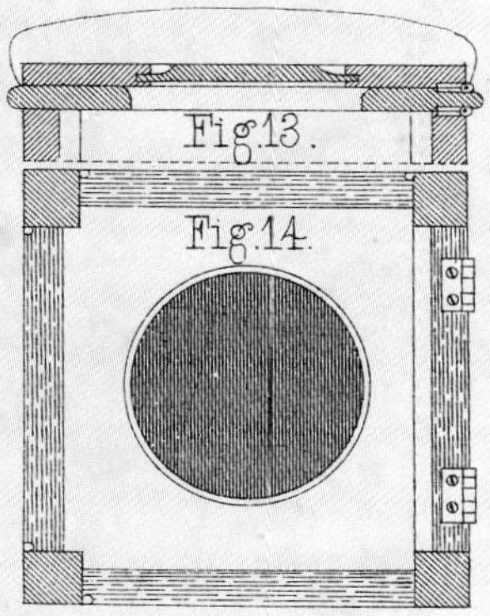

Fig 13.

Fig 14.

2 Met.

Fig. 4.

Spanische Wand.

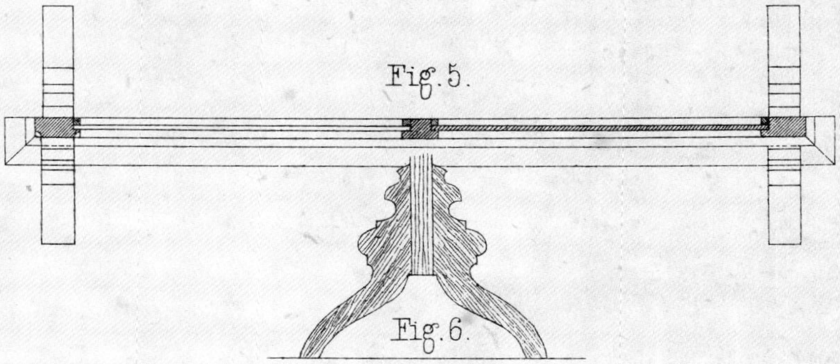

Fig. 5.

Fig. 6.

TAFEL 25

enthält Kleiderschränke, welche, was die Anordnung der Füllungen und Lisenen betrifft, sechs verschiedene Muster darstellen.

Fig. 1 links mit Säule und drei Füllungen, rechts mit zwei Füllungen und platter aufgedoppelter blinder Lisene. Die Größe ist 118 cm breit, 183 cm hoch und 55 cm tief. Der durchgehende große Schubkasten ist 14 cm hoch. Der Fries mit Gesims ist 17 cm hoch, der Sockel 12 cm.

Fig. 2 zeigt den Grundriß in zweierlei Auffassung für links und rechts der Ansicht.

Fig. 3 ein Kleiderschrank ebenfalls in zweierlei Ansichten, ohne Schubkasten und 130 cm breit und gleicher Höhe wie der vorige. Die Füllungen sind links etwas reicher gehalten, die Lisenen sind durch Aufdoppelungen verschieden angelegt.

Fig. 4 der Grundriß von links und rechts.

Fig. 5. Der hier abgebildete Schrank ist 108 cm breit und 183 cm hoch, hat links drei Füllungen und Pilaster vor den Lisenen, rechts zwei Füllungen mit gerieften Mittelfeldern auf denselben, die Lisene ist ebenfalls blind und in der ganzen Breite gekehlt. Zwei Schubkasten sind hier unter den Thüren, der Sockel ist $12\frac{1}{2}$ cm, der Gesimsfries mit diesem 14 cm hoch, die Schubkasten 14 cm.

Fig. 6 der Grundriß von beiden Seiten dargestellt.

Die Thüren an allen drei Schränken sind mit Scharnierbändern angeschlagen und gehen samt den blinden Lisenen auf, können jedoch ebenso gut hinter den Lisenen liegen und mit Zapfenbändern, oder vor den Lisenen überfalzt, und mit Fischbändern angeschlagen werden, wie dies eben beliebt oder als vorteilhafter angesehen wird, mit Scharnierbändern wie hier hat man die Bequemlichkeit, daß man die ganze innere Breite ohne Beistoß vor sich hat.

TAFEL 26

Die letzte Tafel dieses Werkes enthält Gegenstände für die Küche, zwei Küchenschränke, einen kleinen Geschirrschrank und eine jetzt so sehr gebräuchliche Küchenhänge.

Fig. 1 ein Küchenschrank mit zwei Thüren, zwei Schubkasten darüber und einen Auszug unter der Platte. Der Aufsatz ein Glasschrank mit zwei Thüren und vier kleinen Schubkasten, je zwei links und rechts neben der 33 cm breiten Nische, ist ohne Bekrönung 107 cm hoch und 32 cm tief. Der untere Schrank ist 81 cm hoch, 97 cm breit und 50 cm tief bei den Schubkasten gemessen. Die Lisenen sind 6 cm breit, in der Höhe der Schubkasten mit einer aufgelegten Platte, darunter mit einer kleinen Konsole, und weiter mit zwei schmalen Hohlkehlen verziert. Die Thürenrahmen sind 10 cm breit mit dem 3 cm breiten Kehlstoß daran. Die gedrehten Füße mit Sockelkehlung sind $9\frac{1}{2}$ cm hoch, die Schubkasten 11 cm. Die Schlagleisten sind 3 cm breit und in drei Stäbe geteilt und gekehlt. Der Fries mit Gesims des obern Schrankes ist 12 cm hoch, das Gesims $4\frac{1}{2}$ cm hoch und hat 4 cm Ausladung.

Fig. 2 der Grundriß, links mit dem Schubkasten von unten und dem obern Schrank, rechts die Stelle der Thüren von unten im Durchschnitt.

Fig. 3 der Seitendurchschnitt in der ganzen Höhe.

Fig. 4 ein zweiter Küchenschrank, ebenfalls zweithürig mit Schubkasten über den Thüren, jedoch ganz anderer Anordnung der Lisenen, der Füllungen und des Sockels, auch fehlt hier der Auszug unter der Platte. Die Verhältnisse sind wie die vorbeschriebenen. Der Aufsatz ebenfalls mit Glasthüren hat unter diesen drei Schubkasten und darunter einen 19 cm hohen offenen Raum. Die obern Lisenen sind 5 cm, die untern $7\frac{1}{2}$ cm breit. Die untern Thürenrahmen sind $10\frac{1}{2}$ cm, die obern 6 cm breit an den Seiten und unten. Der Fries mit Gesims ist 13 cm hoch. Das Gesims hat $6\frac{1}{2}$ cm Ausladung.

Fig. 5 der Grundriß unten mit Angabe der durchschnittenen Thür links und den Schubkasten rechts, und rechts auch den Schrank oben mit durchschnittener Thür, Konsole der Lisene und Ausladung des Gesimses.

Fig. 6 der Seitendurchschnitt in der ganzen Höhe.

Fig. 7 und 8 ist die Ansicht und Seitenansicht einer 73 cm hohen und 67 cm breiten Küchenhänge mit zwei 8 cm hohen und 24 cm tiefen Schubkasten. Die beiden Zeichnungen, machen weitere Erläuterungen unnötig.

Fig. 9 ein kleiner Schrank mit Aufsatz, 78 cm breit, 63 cm hoch und 43 cm tief, mit zwei Thüren und zwei Schubkasten. Der kleine Boden an den Aufsatz liegt 36 cm hoch und ist 13 cm breit. Die ausgeschweiften Seiten sind auf der Kante gefräst, die Rückwand hat zwei, durch die Rahmenkanten faconnierte Füllungen, welche in den Falz gelegt sind. Der Aufsatz ist 9 cm hoch und bildet mit Seitenteilen eine Galerie für den Boden.

Fig. 10 ist der Grundriß mit Thür und Schubkasten nebst Angabe des Aufsatzes mit den Seiten, Rückwand, dem Boden, letztern in punktierter Linie.

Fig. 11 Seitenansicht und Durchschnitt des Aufsatzes.

Für die drei Tafeln 24, 25 und 26 sind keine Modelle gegeben worden, weil die Gegenstände ganz einfach in den Zeichnungen gehalten sind und was in dem Text gesagt worden, ist vollständig für den praktischen Tischler genügend. Die Modelle sind überhaupt nur für die allernötigsten Teile der Gegenstände auf den dreiundzwanzig Tafeln in Aussicht genommen worden, um die festgestellten acht Modellbogen nicht zu überschreiten und den Preis des Werkes nicht zu erhöhen. Im übrigen ersetzt der ausführliche Text vollkommen, wenn fehlende Durchschnitte auf den Modellbogen vermißt werden sollten. Die Maßverhältnisse sind fast für alle Gegenstände in dem Text ganz besonders berücksichtigt worden.

TAFEL 25

Fig. 1.

Fig. 3.

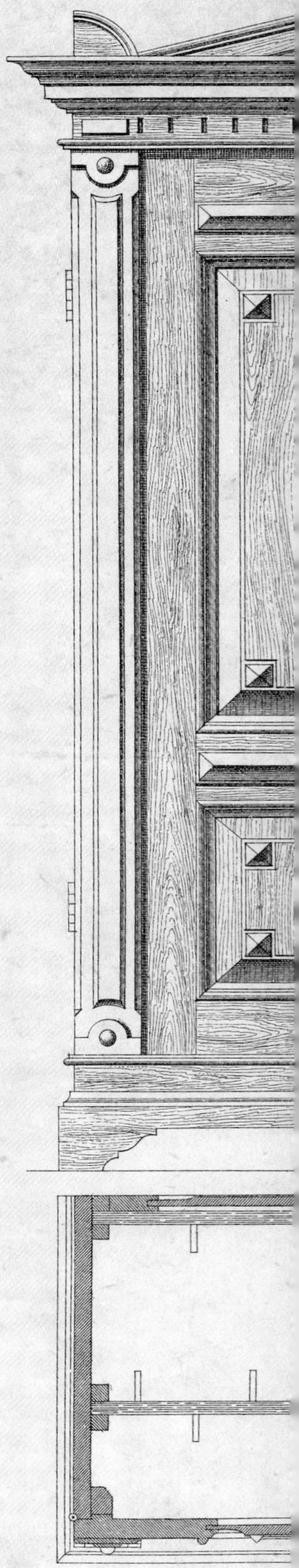

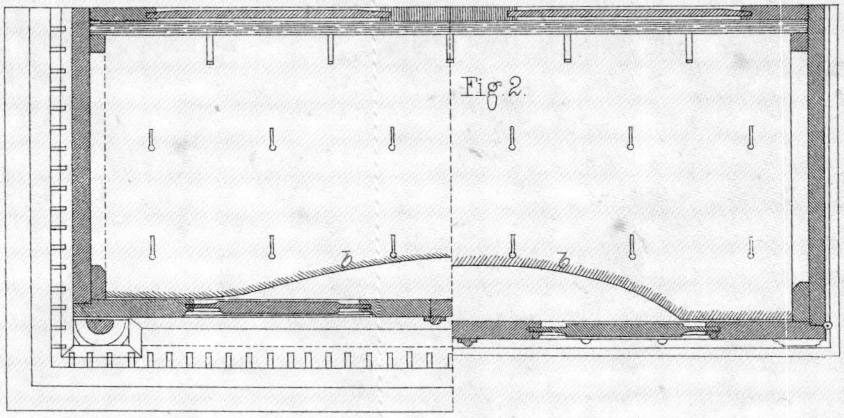

Fig. 2.

leiderschränke.

Fig.5.

TAFEL 26

Fig.1.

Fig. 3.

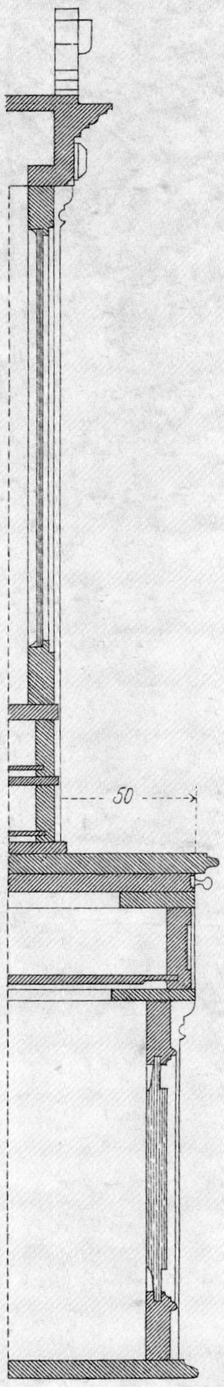

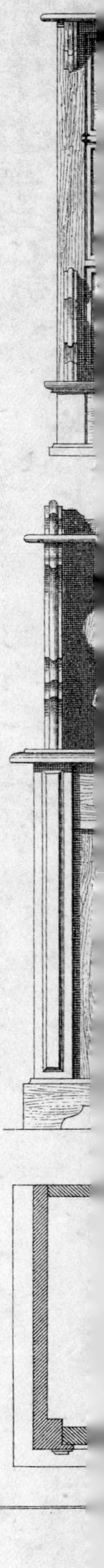

Fig. 2.

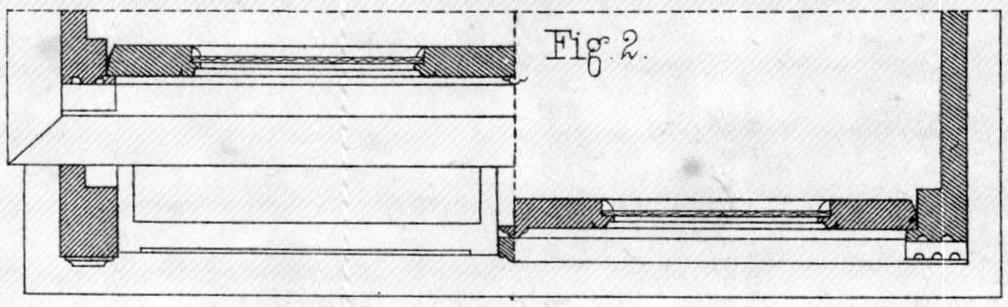

Küchenmöbel.

August und Max Graef

Der Dorfschreiner

Vorlagen von Möbeln und anderen Schreinerarbeiten für die einfachsten Verhältnisse mit besonderer Rücksicht auf wohlfeile Herstellung und ansprechende Formen

Reprint nach dem Original von 1900

Klassische Vorlagenbücher
für den Praktiker   Band 2

80 Seiten, 24×28 cm,
24 Tafeln, 260 Abbildungen
mehrfarbig bedruckter, fester Einband
Best. Nr. 1233   ISBN 3-88746-272-6

Gerade die schlichteren Möbelformen des Historismus, wie sie in dem vorliegenden Werk „Der Landtischler" dargestellt sind, erfreuen sich heute größerer Beliebtheit. Der Verlag macht daher in seiner Reihe „Klassische Vorlagenbücher für den Praktiker" ein weiteres äußerst seltenes Vorlagenbuch der Gebrüder Graef für einfache Möbel und andere Schreinerarbeiten wieder zugänglich. „Der Dorfschreiner" bringt in gleicher Ausstattung wie „Der Landtischler" neue Entwürfe und bietet so eine vorzügliche Ergänzung. „Der Dorfschreiner" enthält in akribischen Einzelzeichnungen Ansichten, Schnitte und Details von Möbelformen vom Büfett bis zur Wiege. Drei zusätzliche doppelseitige Modellbogen mit Zeichnungen von Zierelementen im Maßstab 1:1 sind hervorragend geeignet für die nachträgliche Fertigung gedrechselter und geschnitzter Einzelteile. Erläuterungen zu den Tafeln enthalten Maßangaben und Hinweise zur Konstruktion. Ein ergänzender Abschnitt stellt Rezepturen für Anstriche vor.

Den damaligen Möbeltischlern, Drechslern und Holzschnitzern dienten die Entwürfe dem unmittelbaren Nachbau. Heutigen Praktikern geben sie zusätzlich die Möglichkeit, Möbel originalgetreu wiederherzustellen oder fehlende Teile zu ergänzen, wie es gerade bei Zierelementen häufiger nötig ist. Darüber hinaus ist das Vorlagenbuch sehr nützlich für alle anderen, die mit historischen Möbeln zu tun haben.

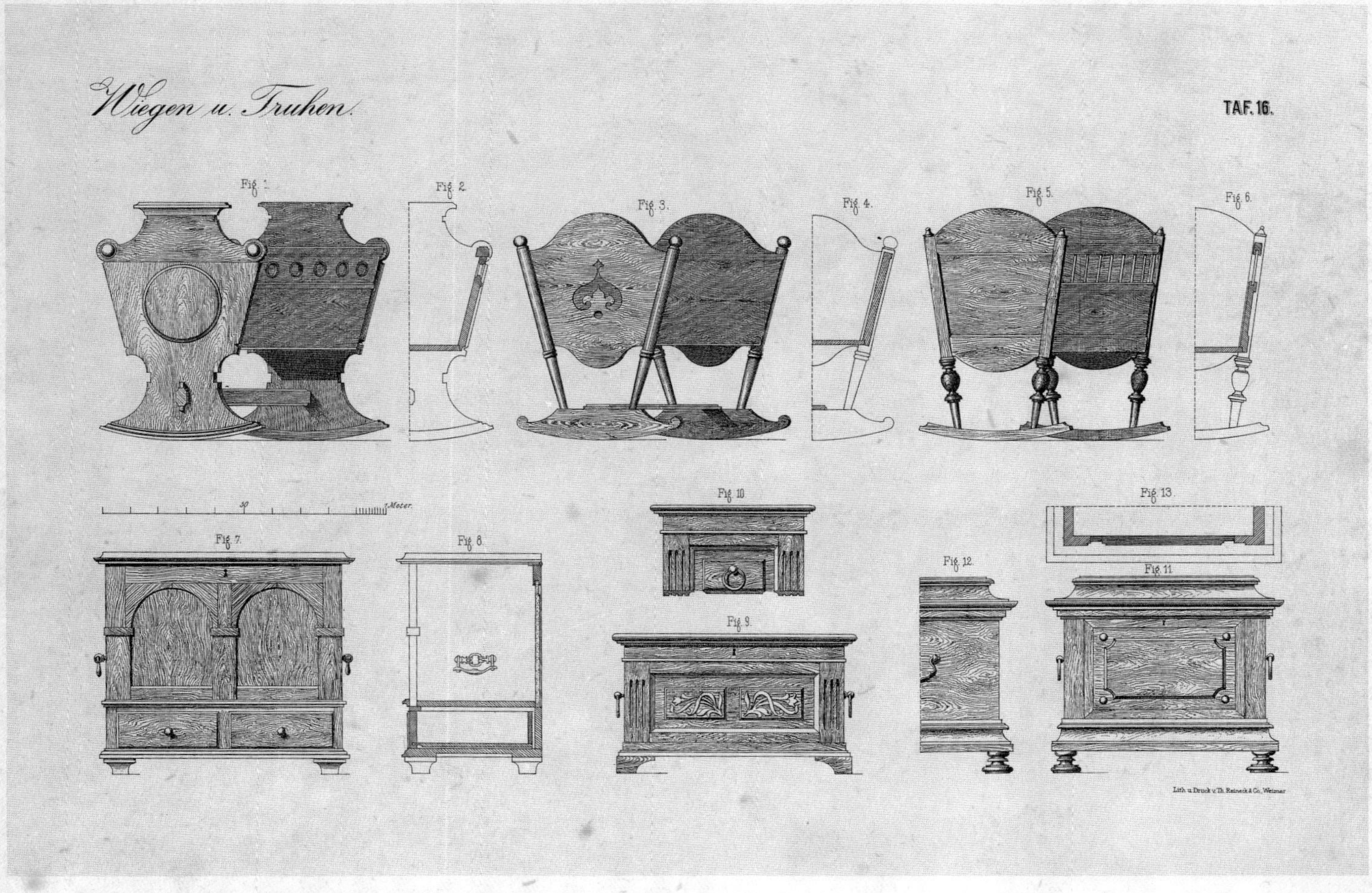

EDITION libri rari

präsentiert Ihnen über 120 Titel aus der Reprint-Bibliothek
»Fach- und Sachbücher von gestern und vorgestern«

Theodor Krauth/Franz Sales Meyer
Die Bauschreinerei
Das Schreinerbuch I (1899)

Durch einen umfangreichen Anhang mit 82 ganzseitigen Tafeln ergänzt, werden ausführlich und durch 393 Illustrationen im Textteil unterstützt, die wichtigen Holzarbeiten im und am Haus behandelt. Fußböden, Täfelungen, Holzdecken, Türen, Tore, Fenster, Fensterläden, Treppen sowie Maschinen und Werkzeuge werden gezeigt. Auch Heimwerker finden hier viele Anregungen.

336 Seiten, 17,5× 24 cm, 82 Tafeln, 393 Abbildungen
fester Einband mit Goldprägung
Best.-Nr. 1210 · ISBN 3-88746-003-0

Jugendstil – Möbel und Zimmereinrichtungen um 1900 (1904)

Durch diesen Reprint wird ein Werk der Jahrhundertwende wieder zugänglich, das einen anschaulichen Eindruck von der Wohnkultur des Jugendstils vermittelt. Gezeigt werden auf z. T. ganzseitigen Bildtafeln komplette Zimmereinrichtungen, zahlreiche typische Einzelmöbel und andere Einrichtungsgegenstände (Bilder, Lampen, Teppiche). Die repräsentative Ausstattung macht den Band auch zu einem wertvollem Geschenk.

188 Seiten, 24× 33 cm, 90 Tafeln
Kunstleder-Einband mit Farb- und Blindprägung
Best.-Nr. 1311 · ISBN 3-88746-009-X

Theodor Krauth/Franz Sales Meyer
Die Möbelschreinerei
Das Schreinerbuch II (1902)

Th. Krauth und F. Sales Meyer behandeln hier wie auch in der Bauschreinerei ausführlich alle Techniken und das Material des Schreinerhandwerks. In umfassender Form, aufgelockert durch viele hundert Abbildungen, wird in diesem Buch die ganze Schönheit tischlermäßig gefertigter Möbel eindrucksvoll vorgestellt. Auch für den versierten Hobbytischler ist dies ein nützliches Werk.

440 Seiten, 17,5× 24 cm, 136 Tafeln, 236 Abbildungen
fester Einband mit Goldprägung
Best.-Nr. 1211 · ISBN 3-88746-002-2

Alexander Schöpp
Alte deutsche Bauernstuben (1934)

Auf 88 Seiten mit 110 Abbildungen werden viele Beispiele hervorragender bäuerlicher Wohnkultur gezeigt. Die ursprünglich im Lichtdruck hergestellten fotographischen Bilder wurden in bemerkenswerter Qualität reprintet. Das Schwergewicht liegt auf der Darstellung der Schönheit der Bauernmöbel mit ihren Schmuckelementen aus den verschiedenen Teilen Deutschlands. Ein Buch, das sich besonders an Volkskundler und Hausforscher wendet.

88 Seiten, 22× 33 cm, 110 Abbildungen
mehrfarbig bedruckter, fester Einband
Best.-Nr. 1312 · ISBN 3-88746-034-0

Theodor Krauth/Franz Sales Meyer
Das Zimmermannsbuch
Die Bau- und Kunstzimmerei (1899)

Ein Lehrbuch aus der Zeit um die Jahrhundertwende mit 361 Illustrationen im Text und weiteren 131 ganzseitigen Tafeln. Die Autoren der Schreinerbücher haben auch hier ein Werk geschaffen, das durch die enorme Breite des behandelten Stoffes und die klare informative Darstellungsweise viel Interesse findet. Zimmerleute greifen auch heute gerne auf dieses Buch zurück.

512 Seiten, 17,5× 24 cm, 131 Tafeln, 360 Abbildungen
fester Einband mit Goldprägung
Best.-Nr. 1212 · ISBN 3-88746-004-9

Friedrich Schwenke
Gründerzeit – Möbel und Zimmereinrichtungen (1881/84)

Alle Freunde und Sammler alter Möbel werden begeistert sein. Mit der vorliegenden Bilddokumentation wird die Wohnkultur des ausgehenden 19. Jahrhunderts wieder lebendig. Schwenkes Tafelband enthält viele Zeichnungen und Fotos einzelner Möbelstücke und ganzer Zimmereinrichtungen; so wird der Kunst- und Lebensstil einer ganzen Epoche wieder sichtbar. Begleittext von Dr. Hans Stula, Hannover

164 Seiten, 24× 33 cm, 144 Tafeln
mehrfarbig bedruckter, fester Einband
Best.-Nr. 1313 · ISBN 3-88746-088-X

Fritz Spannagel
Das Drechslerwerk (1948)

Die Grundlagen des Drechselns sind nirgends gründlicher dargestellt als bei Spannagel. Das bekannte und seit vielen Jahren vergriffene Standardwerk für Drechsler, Werklehrer, Innenarchitekten und Schreiner und für die vielen Hobby-Drechsler wurde wegen der großen Nachfrage wieder von uns herausgegeben. Dieses Handbuch ist trotz der Technisierung und Standardisierung für alle Interessenten eine unentbehrliche Hilfe.

320 Seiten, 17,5× 24 cm, 1250 Abbildungen
mehrfarbig bedruckter, fester Einband
Best.-Nr. 1213 · ISBN 3-88746-014-6

Hugo Knoppe
Handbuch der Drechslerei (1938)

Ein Buch mit einer unglaublichen Fülle an Informationen. Hugo Knoppe, einer der sachkundigsten Kenner des Drechslerhandwerks seiner Zeit, beschreibt, ausgehend vom Werkstoff Holz, die Bearbeitung, das Drehen, die Oberflächenbehandlung u.v.m. Daneben stehen Angaben zur Struktur damaliger Betriebe. Auch auf Spezialgebiete – Bearbeitung von Bernstein, Perlmutt, Kunststoffen – wird eingegangen.

474 Seiten, 14,8× 21 cm, 340 Abbildungen, 2 Tafeln
mehrfarbig bedruckter, fester Einband
Best.-Nr. 1228 · ISBN 3-88746-231-9

EDITION
libri rari

Bücher, *die unsere Kultur und Technik in den vergangenen Jahrhunderten mitgeprägt haben*

Hugo Knoppe

Meistertechniken der Drechslerkunst (1926)

Drechseln als Kunst! Die „Hohe Schule" der Drechslerei, in anderen Fachbüchern nur am Rande erwähnt, wird hier von Hugo Knoppe anschaulich dargestellt. Die verschiedensten Techniken, z. B. die Fadendreherei, Kugel- und Sterndreherei, Längs- und Querdreherei werden vorgestellt, und anhand vieler Abbildungen bekommt der Leser einen optischen Eindruck von den Möglichkeiten des Drechselns.

152 Seiten, 13× 20 cm, 76 Abbildungen
mehrfarbig bedruckter, fester Einband
Best.-Nr. 1223 · ISBN 3-88746-141-X

Hans Issel

Der Holzbau (1900)

Issels „Holzbau" – heißt es im Kommentar von Manfred Gerner – „ist auch heute noch das, was er zur Zeit, als er geschrieben wurde, sein sollte: ein umfassendes Kompendium der Konstruktion und Architektur des Fachwerk-, Block-, Ständer- und Stabbaus". In diesem Buch überwiegt der Praxisbezug, d. h. die genaue Darstellung konstruktiver Details und der Holzverbindungen. Ein Buch mit hohem Gebrauchswert für jeden Praktiker.

224 Seiten, 17,5× 24 cm, 12 Tafeln, 400 Abbildungen
fester Einband mit Goldprägung
Best.-Nr. 1020 · ISBN 3-88746-086-3

Max Metzger

Holzbildhauerei und Holzschnitzerei (1919)

Handbuch für Holzbildhauer und Tischler, gewerbliche und kunstgewerbliche Schulen sowie für „Dilettanten". Umfassendes Werk mit vielen Abbildungen über die kunsthandwerklichen Techniken der Holzbearbeitung. Metzgers Handbuch ist übersichtlich und ausgesprochen praxisbezogen. Enthalten ist hier alles, was es zur Bildhauerei und Schnitzerei in Holz zu beachten gilt. Für Hobby und Beruf sehr geeignet.

224 Seiten, 11,5× 18 cm, 220 Abbildungen, 28 Tafeln
fester Einband mit Goldprägung
Best.-Nr. 1220 · ISBN 3-88746-137-1

Johann Wilhelm

Architectura Civilis oder Holtz-Baukunst (1668)

Welche überragende und faszinierende Rolle das „nachwachsende" Produkt Holz vor 300 Jahren gespielt hat, wofür es verwandt wurde und wie man es kunstvoll und handwerklich sauber verarbeitete, das zeigen die 80 Kupferstiche dieses Werkes von Johann Wilhelm aus Franckfurt am Mayn. Das Buch zählt zu den ersten in Deutschland, in denen Holzkonstruktionen in dieser Art dargestellt werden.

96 Seiten, 22× 33 cm, 80 Tafeln,
fester Einband mit Goldprägung
Best.-Nr. 1010 · ISBN 3-88746-059-6

Fritz Spannagel

Leichte Holzarbeiten (1947)

Dieses kleine Fachbuch von Fritz Spannagel vermittelt die wichtigsten Kenntnisse der Schreinerei auf handwerklicher Grundlage. Für Hobby- und Jungschreiner ist das Werk durch seine leichtverständlichen Arbeitsanleitungen und die vielen erklärenden Abbildungen besonders geeignet. Ausführlich wird auf Werkzeug, Holzarten und Holzverbindungen eingegangen.
Begleittext von Günther Heine, Aumühle/Hamburg

134 Seiten, 15,5× 23 cm, 450 Abbildungen
mehrfarbig bedruckter, fester Einband
Best.-Nr. 1225 · ISBN 3-88746-176-2

Otto Warth

Die Konstruktionen in Holz (1900)

Diese Baukonstruktionslehre von Dr. Otto Warth hat seinerzeit mehrere Auflagen erlebt und galt ebenfalls als wichtiges Standardwerk. Eine erfreuliche Ausnahme unter den häufig trockenen Fachpublikationen mit 825 ausgezeichneten Holzschnittillustrationen im Text und 124 lithographierten Bildtafeln, auf denen unzählige Einzeldarstellungen zu sehen sind. Fachleute äußern sich begeistert über dieses Werk.

508 Seiten, 17,5× 24 cm, 124 Tafeln, 825 Abbildungen
mehrfarbig bedruckter, fester Einband
Best.-Nr. 1013 · ISBN 3-88746-019-7

Das Bauernhaus im Deutschen Reiche – Textband (1906)

Dem gelungenen Textband ist eine historisch-geographische Einleitung von dem bekanntesten Historiker seiner Zeit, dem Treitschke-Schüler Dietrich Schäfer vorangestellt. 548 Abbildungen unterstützen diese wohl großartigste Publikation zur Bauernhausforschung Deutschlands in diesem Jahrhundert. Der Band ergänzt den Atlasband, kann aber auch als eigenständiges Fachbuch angesehen werden.

330 Seiten, 24,5× 33 cm, 548 Abbildungen
mehrfarbig bedruckter, fester Einband
Best.-Nr. 4011 · ISBN 3-88746-052-9

Das Bauernhaus im Deutschen Reiche – Atlasband (1905)

Viele meisterhafte Zeugnisse einer Architektur ohne Architekten wurden von Enthusiasten um die Jahrhundertwende im deutschsprachigen Raum aufgenommen und gezeichnet, um sie, jedenfalls auf Papier, der Nachwelt zu hinterlassen. Somit entstand eine hinreißende Dokumentation über die Bauernhaus-Architektur früherer Jahrhunderte. Volkskunde und Hausforschung greifen auf dieses Werk immer wieder zurück.

120 Blätter, 34× 48 cm, Halbleinenmappe
Best.-Nr. 4010 · ISBN 3-88746-051-0

C. A. Martin/C. Marggraf

Der Drechsler (1905)

Von der Ausrüstung und der Werkstatt ausgehend werden in diesem Band die verschiedenen Arbeitsbereiche der Drechslerei Schritt für Schritt systematisch vorgestellt und detailliert erläutert. Seine Anschaulichkeit aufgrund der zahlreichen Abbildungen und der klare Aufbau machen das Werk zu einem wichtigen Handbuch, das auch für die Hobbydrechslerei eine wertvolle Hilfe darstellt.

416 Seiten, 17×24 cm, 724 Textabbildungen
mehrfarbig bedruckter, fester Einband
Best.-Nr. 1229 · ISBN 3-88746-242-4

J. Brunschwiler

Stilkunde für Schreiner (1957)

Brunschwilers „Stilkunde" ist ein Buch für die Praxis; kein trockenes Lehrbuch, sondern ein übersichtlicher, gut lesbarer Leitfaden zur stilistischen Entwicklung der verschiedenen Möbel vom Mittelalter bis in unser Jahrhundert. Die stilbestimmenden Elemente und Merkmale (Ornamente, Beschläge etc.) sowie die einzelnen Möbelformen werden beschrieben und im Bild gezeigt. Ein wichtiges Buch für Fachleute im Möbelhandwerk, aber auch für Möbelsammler.

304 Seiten, 14,8×21 cm, 272 Abbildungen, 2 Tafeln
mehrfarbig bedruckter, fester Einband
Best.-Nr. 1221 · ISBN 3-88746-138-X

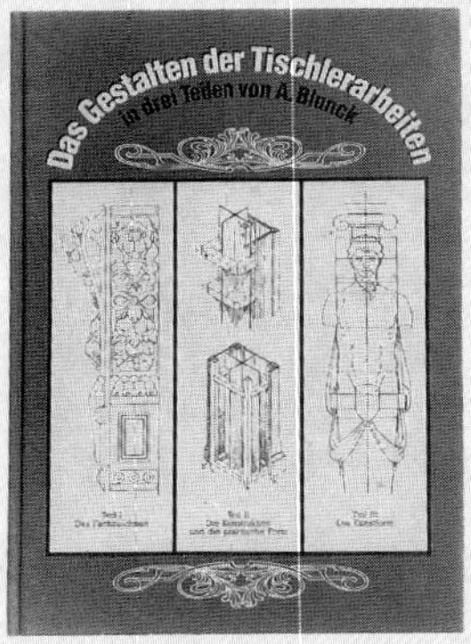

A. Blunck

Das Gestalten der Tischlerarbeiten

Weitverbreitetes, umfangreiches Lehrwerk für Tischler der 20er und 30er Jahre. Für den Nachdruck haben wir die ursprünglichen drei Bände zu einem zusammengefaßt. Die einzelnen Teile behandeln „Das Fachzeichnen", „Die Konstruktion und die praktische Form" sowie „Die Kunstform, allgemeine Richtlinien für das Gestalten der Tischlerarbeiten". Bluncks Lehrbuch gibt auch für die heutige Zeit wichtige Hinweise für das handwerkliche Arbeiten.

448 Seiten, 21×30 cm, 105 Tafeln, 1423 Abbildungen
mehrfarbig bedruckter, fester Einband
Best.-Nr. 1230 · ISBN 3-88746-243-2

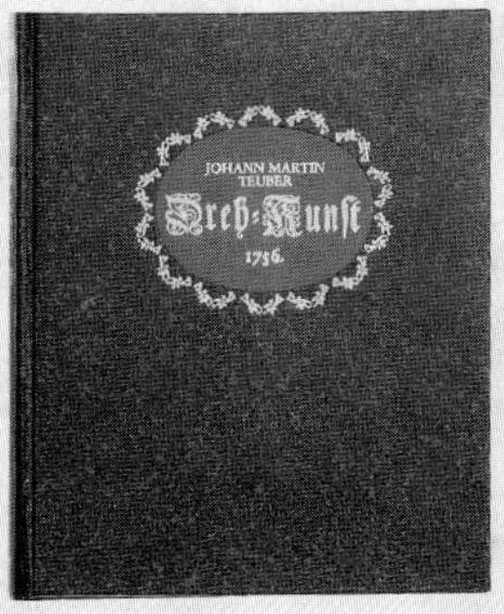

Johann Martin Teuber

Vollständiger Unterricht der gemeinen und höheren Dreh-Kunst (1756)

Der unter Kennern bekannte und antiquarisch gesuchte „Teuber" gehört zu den Klassikern der Drehkunst-Literatur. Es gibt nur wenige Werke aus jener Zeit, die einen so ausführlichen Einblick in die Kunst des Drehens vermitteln wie dieses Buch. Besonders informativ sind die vielen Kupferstiche mit Drehbänken und Vorrichtungen.

296 Seiten, 17×21 cm, 31 Tafeln
fester Einband mit Gold- und Farbprägung
Best.-Nr. 1215 · ISBN 3-88746-035-9

Christian Scherer

Technik und Geschichte der Intarsia (1891)

Der Autor verfolgt die Geschichte und die Techniken der Intarsien-Kunst zurück bis ins Altertum und schildert ihre Entwicklung bis ins 19. Jahrhundert. Wer Intarsienarbeiten schätzt und sich umfassend über die Tradition dieser handwerklichen Disziplin informieren will, findet in diesem handlichen Buch reichlich Aufschluß.
Begleittext von Günther Heine, Aumühle/Hamburg

176 Seiten, 13×20 cm, 25 Abbildungen
fester Einband mit Farbprägung
Best.-Nr. 1227 · ISBN 3-88746-207-6

Fritz Spannagel

Der Möbelbau (1954)

Spannagels bekanntestes Fachbuch „Der Möbelbau" ist auch heute noch aktuell und gefragt. Seine Bedeutung für die Praxis ergibt sich aus den vielen Arbeitsanleitungen, den erklärenden Abbildungen, den detaillierten Beschreibungen der Holzverbindungen und anderer Techniken der handwerklichen Holzverarbeitung. Das Handbuch richtet sich vor allem an Schreiner (Tischler), aber auch an Architekten sowie Lehrer und Liebhaber des Holzhandwerks.

348 Seiten, 22×29,7 cm, rd. 1500 Abbildungen
mehrfarbig bedruckter, fester Einband
Best.-Nr. 1217 · ISBN 3-88746-062-6

Kein Reprint

Günther Heine

Das Werkzeug des Schreiners und Drechslers

Zweite große Werkzeug-Dokumentation, über die Sammler, Fachleute der holzverarbeitenden Berufe, Volkskundler und Museen begeistert sein werden. Der Band ist reich an Informationen in Text und Bild. Typen und Formen, Handhabung und Anwendung. Geschichte und technische Entwicklung der verschiedenen Werkzeuge werden hier erstmals ausführlich und fachmännisch dargestellt.

240 Seiten, 24×32 cm, über 600 Abbildungen
mehrfarbig bedruckter, fester Einband mit Prägungen
Best.-Nr. 9002 · ISBN 3-88746-228-9

Carl Matthaey

Neuestes Lehr-, Modell- und Ornamentenbuch (1840)

Ein Buch für Ebenisten, Bau- und Möbelschreiner, Holzschneider und andere der bildenden Kunst verwandte Gewerbe ... Textlich eingehend beschrieben, werden auf den 60 ganzseitigen und großformatigen lithographierten Bildtafeln Hunderte Einzelstücke des beginnenden 19. Jahrhunderts vorgestellt. Ein Werk für Schreiner, Antiquare, Restauratoren, Innenarchitekten und Kunstfreunde.

104 Seiten, 22×33 cm, 60 Tafeln
mehrfarbig bedruckter, fester Einband
Best.-Nr. 1218 · ISBN 3-88746-063-4

EDITION
libri rari

Fordern Sie unser Gesamtverzeichnis an

im Verlag Th. Schäfer · Tivolistraße 3 · Postfach 54 69 · 3000 Hannover 1 · ☏ (05 11) 99 0 99-77